OOLONG TEA
乌龙茶的世界

陈焕堂　林世伟 ——— 著

自序——茶觅知音 5

Chapter 1　品种、产地、季节、栽培——乌龙茶的基础知识

进入乌龙茶的世界——认识六大茶类　2

是茶类、品种，还是商品名？——什么是乌龙茶？　12

专栏　乌龙茶名称的今与昔　16

判断茶叶品质的四个角度——系统了解乌龙茶的世界　17

随茶叶变迁而变化的茶树品种——认识不同品种的适制性　21

买茶要看产地吗？——认识茶树生长与产地的关系　27

专栏　买茶不只看海拔　35

合格的栽培才能养出合格的茶菁——栽培方式对茶叶品质的影响　37

品味不同季节的茶香——认识季节与茶叶品质的关联　43

手采才会有好茶？——认识采收方式、成本与品质的关系　49

Chapter 2　手握、闻香、开汤、品尝——挑选好茶的方法

从科学角度认识茶叶的香气与滋味——关于茶叶化学　54

茶香哪里来？——寻找喜好香型的四个线索　62

苦涩哪里来？——化苦涩为醇和的四个关键　69

一心二叶的迷思——半发酵茶的采摘成熟度要求　72

专栏　幼恰有底——被遗忘的"步留"　76

适性而制才能引出好滋味——好茶的制程应该如何？　78

专栏　生茶、青茶、熟茶　91

茶叶的精制过程——烘焙　93

看外形还是看外观？——茶叶要讲求外形吗？　98

使茶汤变苦涩的"积水红"——从汤色判断茶的品质　103

苦涩的白毫与清甜的包种——茶汤色泽与发酵程度　107

叶底，茶的履历表——了解叶底与品质的关系　111

Chapter 3 清香、鲜爽、浓郁、醇和——认识各类乌龙茶

百年基业奠定的清香茶汤——文山包种茶　118

回归传统的甘醇茶汤——冻顶茶与红水乌龙　121

消失的番庄乌龙与新兴的红乌龙——番庄乌龙与红乌龙　125

产在高热夏季的极品茶——东方美人　128

七泡有余香的优良品种——铁观音　133

山不在高，有仙则名——高山茶　137

台湾茶区的新宠儿——红茶　144

陈香醇厚，还是火气十足？——陈年老茶　151

武夷岩茶——独特的岩韵　155

福建漳平"台式乌龙茶"——台湾茶在大陆　158

凤凰水仙——香型多变　161

永春佛手——与禅道密不可分　164

漳平水仙——特立独行的茶饼　166

高海拔不代表高品质——乌龙茶的定价　168

有机茶一定是好茶？——有机茶的正确概念　172

看穿比赛茶背后的庞大商机——比赛茶迷思　175

到茶行买茶去——茶行的角色　179

专栏　你买的是茶叶还是包装？　182

品出一杯馨芳——如何品茶　183

专栏　买茶要领　187

自　序
茶觅知音

什么是茶？擂茶、冬瓜茶、仙草茶、人参茶、博士茶（rooibos）、苦茶、菊花茶、凉茶、蜜茶、薄荷茶、明日叶茶、苦丁茶、花果茶、马黛茶（yerba mate）……不一而足。世界上可以用来加水饮用的植物众多，大抵是以植物的根、茎、叶、果实、花等不同器官为原料，有的将新鲜的原料直接加水喝，有的经过熬煮后饮用，有的通过日晒或烘烤干燥后再加水冲泡饮用。无论是哪一种形式，许多国家和民族，习惯上都将可加水饮用的植物加工品称为"茶"。

但这里我们谈论的茶，是指学名为 *Camellia sinensis* 的一种多年生木本常绿植物——茶树。在植物分类学中，它属被子植物门（Angiospermae）双子叶植物纲（Dicotyledoneae）原始花被亚纲（Archichlamydeae）山茶目（Theales）山茶科（Theaceae）山茶属（*Camellia*）。茶叶即是以茶树新梢嫩芽、嫩叶或成熟叶为原料，通过不同制造方式所生产的农产加工品。至于其他被冠上"茶"这个称谓的种种饮品，不论是作为药用、保健用或日常饮用，狭义来说都不是茶。

最早关于茶的使用记录，应为西汉时期《神农本草经》中所记载的："神农尝百草，日遇七十二毒，得荼而解之。"此处的"荼"就是"茶"的古字。西汉王褒《僮约》一文中记载的"武阳买茶"，则是公认的首篇有关茶叶交易的文献。然而晋代郭璞将《尔雅》中记载的"槚，苦荼"解释为"树小似栀子，冬生，叶可煮作羹饮"，"冬生"与当今的茶树的生理特性不同。因此众多古文献中所记载关于茶的内容，究竟是不是今日我们所谈论的茶，还有待考证。

依照加工方式的不同，茶可分为绿茶、黄茶、白茶、青茶（乌龙茶）、红茶和黑茶等六大基础茶类。这六大茶类依照发酵程度的不同，可分为不发酵茶、半发酵茶、全发酵茶与后发酵茶。以六大茶类为原料再加工所生产的茶类，称为再加工茶类，花茶、紧压茶、速溶茶、罐装饮料茶、果茶等皆为再加工茶类。

唐代陆羽所著的《茶经》，系统地描述了茶叶的栽培、采摘、制造、煎煮、饮用、历史、产地与功效，是世界上首部茶叶专书。《茶经》问世已经超过一千年了，但陆羽在其中的论述放到今天仍具有相当的参考价值，可见陆羽卓越的自然观察能力与分析归纳能力。当然，经过一千多年的演进，现今茶叶的产制与陆羽著书时相比还是有非常大的改变的，所以，《茶经》的内容不能原封不动地用来解释各种茶类。

台湾乌龙茶在全球享有盛名。不论是否有喝茶的生活习惯，只要讲到台湾乌龙茶，没有一个台湾人不以此为傲；但如果要深入地谈茶，绝大多数人却说不出个门道。主流媒体和消费市场是大众获取茶叶相关信息的渠道，可是在庞大的商业利益驱动下，众口铄金，很多信息往往偏离事实。

台湾俗语说"文章、风水、茶，真识没几个"，意即"文章、风水、茶"被认为最难懂。茶叶的生产与制造牵涉到的因素很多，而大多数写茶的文章都只是点到为止，搔不到痒处。茶行业的从业者大多数只知其一，不知其二，无法将各种相关联的因素理清，消费者更无从建立合理的逻辑，所以，也难怪茶这么难懂了。

与葡萄酒、咖啡等同为农产加工品的嗜好性饮品相比，茶是其中受天候及制程影响最大的。采摘日的天候，是上午采摘或是下午采摘，都很有讲究。即使是同产区，种在向阳坡或背阳坡，对制程判断也都会有很大的影响。制茶师的手法、各阶段制作时机的拿捏、制作环境的差异，也都影响着茶叶最后成品的质量。即使是同一产区、同一品种、同一采摘时间、同样的制程，若是制作时的天候或时间掌握得略有不同，结果也会不同。极端一点说，甚至可以到每泡茶都可能有所不同的程度。所以，许多对茶叶了解得比较深入的爱茶人，会将茶叶视为一种艺术品。爱茶人寻茶，茶也觅知音，制茶师寻找质量优良的茶菁，根据不同茶菁的适制性配合适当的制程，引出各个茶汤独特的香气和滋味。爱茶人在漫漫茶海中，泡汤试饮，寻找自己最喜欢的那泡茶，所以茶界才有"找茶"这种说法，这是属于爱茶人的独特乐趣。

就是因为每一次的做茶过程都是那么独一无二，所以我们很难将茶叶以工业化的方式，系统地硬性规定不同的茶型就一定该有什么样的香气或滋味，但对什么是好茶，却有一定的标准。大多数的消费者没有接受过完整的茶学培训，对于茶质量优劣的判断，往往受媒体或是销售人员的影响。在商业社会中，消费者接收到的大量快速传播的信息往往与事实脱轨。销售商作为消费者与生产者之间的桥梁，并没有足够的专业知识，却在教育消费者如何识茶，并且以外行身分指导生产端该如何制作，导致市场乱象层出不穷。茶究竟该怎么种、怎么做、怎么喝，希望在这本书中，能为读者提供新的答案，开拓新的视野。

这本书的完成，有赖于世仁、政豪、昆都、坤助、佳章的帮忙，在此致谢。

陈焕堂、林世伟

Chapter 1

品种、产地、季节、栽培

乌龙茶的基础知识

进入乌龙茶的世界

认识六大茶类

认识六大茶类的异同，是系统性地学习、理解茶叶知识的起点。茶叶之所以会分成六大类，是因为不同的茶类，有不同的制作方式，在适制品种、采摘标准、制作工序上都有所不同，品质特色也大不相同，因此在冲泡、品饮及评鉴的方式上也会有所差异。试想，如果你手中端的是一杯发酵程度适中，带有成熟果香的乌龙，却硬要说它缺少了绿茶的清新豆香，那岂不是错把冯京当马凉，糟蹋了一杯好茶？

依照成品特色的不同，六大茶类可区分为绿茶、黄茶、白茶、青茶（乌龙茶）、红茶和黑茶。近年来随着茶叶制造方式的创新，另发展出有别于六大茶类制造方式的"GABA茶"[1]与"红乌龙"[2]。品饮各种不同的茶，就像品尝各国的美食，应该从不同的角度去欣赏。至于该如何欣赏，可以从了解不同品种的茶叶的内含物质与加工方式开始。

绿茶与黄茶为不发酵茶；白茶与青茶（即乌龙茶）为部分发酵茶；红茶为全发酵茶；黑茶（普洱茶是其中一种）为后发酵茶。六大茶类中，以乌龙茶这类半发酵茶的工序最为复杂，所以滋味最丰富多元。

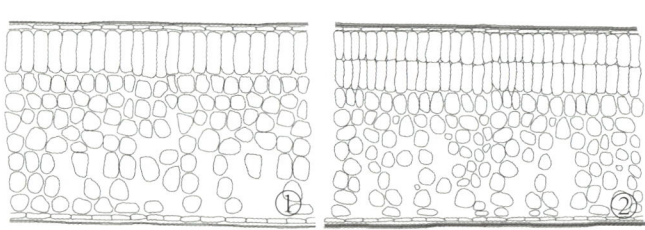

① 大叶种茶树的海绵组织发达，含有较多的茶多酚，适制红茶。
② 小叶种茶树的栅状组织发达，含有较多的香气物质，适制绿茶、青茶。

---

[1] GABA茶中文名为佳叶龙茶，这种茶的制法是1987年由日本人津志田博士所发现。津志田博士在研究茶叶内含的氨基酸成分时发现，如果在无氧的状态下让茶叶发酵，会产生高含量的γ-氨基丁酸，英文简称GABA。GABA有良好的保健功效，如镇定神经、降低血压等，近年来颇受各界青睐。
[2] 见本书125页，《番庄乌龙与红乌龙》一节。

茶树品种就叶子的性状可分为"大叶种"、"中叶种"与"小叶种",它们的叶肉组织都不相同。一般的大叶种茶树茶多酚含量较高,较为苦涩,适合制造发酵度高的茶类,以降低苦涩程度,如红茶;小叶种茶树多酚类物质含量较低,低沸点的香气物质含量较高,适合制造不发酵的绿茶或半发酵的青茶;中叶种茶树的特性则居于大叶种茶树与小叶种茶树之间(见表1)。不过这都是就一般情况而言,其实根据各地风土、气候条件及制作方法的不同,制茶师傅可以自由组合。例如最近几年在台湾盛行的"小叶种红茶",就是因夏季茶菁的茶多酚含量高,若制为发酵度低的茶会较苦涩,故将一般用来制作青茶的品种改制成发酵程度较高的红茶了。

● 大叶种茶叶长约10厘米以上,中叶种8～10厘米,小叶种6厘米以下。

世界上主要制造发酵度低的绿茶或黄茶的产地,纬度通常较高,气候较为寒冷;而适制高发酵度的红茶产区,大多位于纬度较低、气候较炎热的地区。

表1　大、小叶种茶叶内含物质及适制茶类比较

品种	适制	多酚类物质含量	香气物质含量
大叶	红茶	高	低
小叶	绿茶、青茶	低	高

◎视各地风土、气候条件及制法不同,不同品种的茶树适制的茶种也可调整

六大茶类中,绿、黄、白、红、黑茶以嫩芽或带芽嫩叶为较佳的鲜叶原料;只有青茶类,除了白毫乌龙是以"著蜒"(被小绿叶蝉叮咬)的带芽嫩叶为最佳采摘原料,其余如木栅铁观音、文山包种、冻顶乌龙、高山乌龙、武夷岩茶、安

溪铁观音等，均以形成驻芽的成熟叶为最佳原料。

茶叶的嫩芽及嫩叶，氨基酸与多酚类物质含量较高，在成熟叶中，糖类及香气物质含量较高。氨基酸是甘味的来源，多酚类物质具有涩味及苦味，糖类具有甜味，不同的茶种通过加工制造，会促进茶叶内含物质发生化学变化，构成六大茶类的不同风味（见表2）。

表2　茶叶嫩芽及成熟叶内含物质比较

	多酚类物质（苦、涩）	氨基酸（甘）	糖类（甜）	香气物质
嫩芽	高	高	低	低
成熟叶	低	低	高	高

加工过程中，决定茶叶风味的各种物理化学变化中，最重要的莫过于茶叶的"发酵作用"。

茶叶制作过程中所谓的"发酵"，与一般意义上由微生物作用而产生的发酵不同。茶叶"发酵程度"是指茶菁原料在制成成茶后，儿茶素总量减少的百分比。儿茶素是多酚类物质的一种，它在叶内酶（蛋白质）的催化下，会氧化为新的多酚类物质。儿茶素的氧化过程伴随着茶叶内的蛋白质水解为氨基酸、糖苷类产生香气等机制，这就是茶叶制程中所谓的"发酵"，可以说是制茶过程中最重要的化学反应，它决定了茶汤最后的香气与滋味，因此发酵程度的百分比便成为区分茶叶种类的主要指标。

绿茶与黄茶为不发酵茶，白茶与青茶（即乌龙茶）为部分发酵茶，红茶为全发酵茶，黑茶（普洱茶即为其中的一种）为后发酵茶，不同茶类在不同产区会有不同的细部制造技术。虽然黑茶的制造在前段与绿茶类似，可是形成黑茶品质特性的发酵主要靠的是渥堆过程中微生物与黑茶的毛料发生的化学变化，与青茶和红茶的"发酵"在意义上截然不同，所形成的发酵产物也有很大的差异。

茶叶的发酵程度，指的是茶菁制成成茶后，儿茶素总量减少的百分比：

$$\text{发酵程度（\%）} = \frac{\text{鲜叶儿茶素总量} - \text{成茶儿茶素总量}}{\text{鲜叶儿茶素总量}} \times 100\%$$

■ 讲究嫩采鲜喝的不发酵茶——绿茶

全世界绿茶产量最多的国家为中国，中国生产最多的茶类也是绿茶。中国绿茶的商品名称超过百种，其中洞庭碧螺春、西湖龙井、黄山毛峰、六安瓜片、信阳毛尖与庐山云雾等闻名世界，中国十大名茶中，绿茶就占了六种，可见绿茶在中国的重要性。

绿茶讲究要采摘嫩芽或带芽嫩叶，高级的洞庭湖碧螺春，五百克的茶干就需要采六万至七万个茶芽，可见其采摘有多么细致。

茶树的嫩芽及嫩叶中含有大量的氨基酸、咖啡因与多酚类物质，构成绿茶鲜爽甘甜与略为苦涩的口感。绿茶采摘后为了避免发酵，影响茶的风味，会直接杀菁，以停止茶叶的发酵反应。正因为如此，绿茶生产才会特别看重产地以及采摘的时间，高海拔、高纬度、短日照、低气温的生长环境，是促进叶内氨基酸累积与抑制苦涩多酚类物质合成的环境。同样也生产绿茶的日本，其所产"玉露茶"就是利用遮荫技术，来提升芽叶内的氨基酸与降低多酚类物质的含量。

喝绿茶讲究"明前"或"雨前"，意思是在清明或谷雨之前采收的绿茶质量较好，因为此时节在中国主要的绿茶产区中，茶芽处在一个低温且日照仍然较短的气候条件下，所以滋味特别甘甜，质量也最好。过了这段时间，日照变长，氨基酸减少，苦涩的多酚类物质变多，香气、滋味都随之变淡。绿茶以新鲜的毫毛香、海苔香、蔬菜香与绿豆香为香气主体，这些香气会随着陈放的时间的增加发生氧化而变味。绿茶的苦涩感较强，适当的浓度以及低温冲泡，有助于提升口感。

■中国特有的甜醇不发酵茶——黄茶

黄茶几乎可说是中国特有的茶类,君山银针是市场上最为著名的黄茶,同时也是中国十大名茶之一。

黄茶与绿茶在茶叶品种上十分接近,最大的差异在于制造时的工序。黄茶在杀菁之后,多了一道"闷黄"的工序,表现出有别于绿茶的"黄汤黄叶"。杀菁工序会彻底破坏茶叶内酶的活性,而闷黄工序会使酶的活性增加,但是此时的酶为制茶环境中的微生物所分泌,而非叶内原有的酶。在闷黄的过程中,叶绿素在湿热的条件下氧化,形成了茶汤及叶底较黄的色泽;而苦涩的多酚类物质在一定的温度条件及湿润的环境下,产生水解或是氧化,使茶汤的苦涩程度降低,变得较为醇和。闷黄也可促进茶叶内多糖的水解,以及让蛋白质水解为氨基酸,有助于形成独特的茶汤滋味和香气。

黄茶的制造是在绿茶的加工基础上再加以改良,若将同样的原料分别制成绿茶与黄茶并加以比较,黄茶茶汤较为甜醇,绿茶茶汤较为鲜爽。绿茶与黄茶都属于茶菁成熟度低的不发酵茶类,皆带有比较强的刺激性。

■清甜鲜爽的部分发酵茶——白茶

白茶属于半发酵茶,主要产地为中国福建,如白毫银针、白牡丹、寿眉、贡眉等。一般制作白茶都是选用毫毛多的大叶种茶树,制成的白茶白毫显露,芽头肥壮。白茶的加工只有"萎凋"与"干燥"两道程序,长时间的萎凋,是构成白茶品质特征的重要工序。

在相对低温的环境下萎凋,是制

● 无直接日照长时间萎凋,是白茶最重要的制造工序,一般萎凋时间长达数十小时。

作白茶的重要的气候条件。温度是决定酶活性的关键因素，若气温过高，萎凋时茶叶中酶的活性会急遽增加，使得多酚类物质的氧化太剧烈，茶叶与茶汤就会"红变"或"褐变"。通过长时间的低温萎凋，让多酚类物质缓慢地氧化，叶绿素逐步分解，才能使白茶的外观呈现灰绿色或灰橄榄色，且毫毛显露。此外，若是萎凋速度过快，会使得芽叶迅速失水。若太早进行干燥，则会让叶绿素降解和酶促氧化这两个构成白茶品质特征的生化反应无法正常进行。

● 位于福建省福鼎市点头镇的白茶产区

多酚类物质的酶促氧化是构成白茶滋味的很重要的部分。若萎凋掌握得当，多酚类物质氧化过程和缓，则形成的氧化产物会呈现淡黄色，在其他酶类的参与下，多酚类物质形成部分淡黄色产物，因此茶汤呈现杏黄色。

白茶茶叶中的蛋白质随着萎凋失水和水解酶活性增加，会水解为氨基酸，为白茶提供鲜爽的滋味，并且在干燥过程中转化为香气。淀粉和果胶的水解会增加可溶性糖类的含量，但长时间萎凋的话，呼吸作用又会消耗部分糖类，使糖类含量在制造过程中下降，因此茶汤的甜度与浓稠度不及同属部分发酵茶类的青茶。

多酚类物质的氧化、氨基酸的增加及嫩芽叶中丰富的咖啡因，造就了白茶清甜、鲜爽及醇和的滋味。肥壮的白毫不仅能给人带来视觉上的享受，还能让人品味到复杂的毫香，这是白茶香气的主要来源。

■滋味最丰富多元的半发酵茶——青茶

台湾的文山包种、冻顶乌龙、木栅铁观音、白毫乌龙，闽北武夷岩茶、闽南安溪铁观音，广东凤凰单枞，这些茶在六大茶类的分类中，统称为"青茶"，外国人则将此茶类统称为"乌龙茶"（Oolong tea）。青茶可说是六大茶类中，表现方式最为丰富多元的一种，随着茶树品种、采摘成熟度与制作工艺的不同，可表现出各式各样天然的花香与果香，风采万千。

青茶属部分发酵茶，外观有条形、半球形、球形，其特殊且富含技术性的晒菁、晾菁、摇菁、炒菁工序，是构成青茶质量的关键。在其他章节里，我们将更深入地探究青茶的生产、制作与品饮等细节。

■饮用最广泛的全发酵茶——红茶

关于红茶的诞生，有这样一段故事：明末战乱，产茶的武夷山桐木关星村有清兵来犯，村民们匆忙丢下采收回来的茶菁逃难。入侵的清兵们晚上就睡在这批茶菁上，翻来覆去。隔天官兵离开后，村民们觉得将这批茶菁丢弃非常可惜，索性将茶菁用松木烘干，仍然制成茶叶，却意外地制作出迥异于过去茶汤的香气与滋味的茶来，红茶从此诞生。这就是广为人知的"正山小种"的故事。

搁置在茶厂的茶菁，经过了一白天的萎凋，晚上官兵又躺卧在其上，对其造成了一定程度的破坏，再加上体温促进了茶叶的发酵，这一系列过程最终造就了正山小种的独特滋味。这个故事虽有可能是后人杜撰，但的确将红茶的制作过程描绘得十分传神。

虽然红茶的起源地是以小叶种茶树制造红茶的，但是当今世界上大部分的红茶采制都是以大叶种茶树为主。传统的"工夫红茶"采收小叶种茶树带嫩芽的一心多叶，其内含物质丰富，经过萎凋、揉捻、发酵及干燥工序，制作成外观呈条索状的红茶。供应全球大部分红茶消费市场的红茶生产国印度及斯里兰卡，则生产大量的"碎型红茶"。近几年中国市场流行的"金骏眉"与"银骏眉"与以上两种都不一样，它们有别于传统红茶采摘的标准，仿照碧螺春与龙井的采摘，只单采嫩芽或一芽一叶，其香气、滋味和汤色，与工夫红茶截然不同。

红茶的茶干外观呈黑色，白毫则呈金黄色。在国外的红茶分级制度中，采摘愈嫩，白毫愈显著，滋味愈强劲，等级也愈高。国外的红茶饮品往往还添加糖与牛奶，这样的红茶与纯饮所挑选的红茶，在制作上的要求略有不同。

红茶是全发酵茶，但这并不代表茶叶内的儿茶素类物质已百分之百发酵，红茶成品内仍然含有少部分未发酵的儿茶素类物质。以大叶种茶树鲜叶为原料的红茶，多酚类物质含量丰富，有利于制作过程中红茶高度发酵，因此能产生浓郁强劲的滋味。制作完成的红茶溶入茶汤的可溶物质中，少部分未氧化的儿茶素爽口且具刺激性，发酵产物茶黄素鲜爽辛辣，茶红素甜醇，加上大量分解的糖类和氨基酸以及嫩叶中丰富的咖啡因，构成了红茶滋味的主体。发酵度低的红茶香气较显露，但茶汤刺激性强，不适合纯饮。

■以陈放引出醇和滋味的后发酵茶——黑茶

虽然红茶的英文名字是Black tea，但黑茶和红茶其实是完全不同的茶类。黑茶中最为人所知的，应该就是普洱茶了。但最早"普洱"一词，其实是茶产地的名称。

在中国西部边境贸易的历史中，黑茶曾占有重要的一页。当时云南、四川等地运送至边疆地区的茶，在云南普洱一地集散，先经过大理、丽江、香格里拉，再分别经由昌都、林芝地区进入拉萨，与当地人的马匹进行交换，被称为"茶马互市"。在普洱地区生产或集散的茶，后来就被称为"普洱茶"。

四川的边茶、湖南的安化黑茶、广西的六堡茶，也和普洱茶有相似的制造方式，这些茶统称为黑茶。

黑茶的制作，可以说是建立在绿茶的加工工艺之上，只是采摘的叶芽不如绿茶细嫩，且以大叶种茶树为主。黑茶的制作方式是将采收后的茶菁直接杀青、揉捻、干燥，制成"散茶"或"紧压茶"。但古时候因为交通不便，也不似现代一般可采取抽真空或充氮气以避免茶叶变质等方法保存，所以在运送的过程中，茶叶与外界环境接触,并在空气、湿气、温度及微生物作用下,产生了复杂的化学变化,且经历多年的陈放,构成黑茶特有的品质特征,因此,它其实是一种"后发酵茶"。现代制法的普洱茶,缺乏长期运送让微生物发挥作用的过程,于是将炒菁后的毛料,以人工"增湿渥堆"取代过去漫长的熟化历程,使毛料在短时间内快速地借助后发酵作用,形成现代黑茶特殊的风味。黑茶的毛料为大叶种绿茶,可溶的多酚类物质丰富,滋味十分苦涩,刺激性强。后发酵作用可使得黑茶茶汤滋味转为醇和,是形成黑茶品质的关键。

● 黑茶是一种靠微生物转化并形成独特风味的后发酵茶。它的发酵概念与一般半发酵茶、全发酵茶不同。压制成茶饼的黑茶经过长时间的酝酿,会产生更为醇和的香与味。

其实无论是什么品种的茶树,或是种植在何处的茶树,采收下来的茶菁,均可以制作成六大茶类中的任何一种茶,但是根据茶树品种与产地特性,有着适制性的差异。比方说,种植在印度阿萨姆平原地区的大叶种茶树,适合制作红茶,若改为制作绿茶则会过于苦涩。针对不同的茶类,品饮的方式与审评的角度也不相同。了解茶菁原料的特性与加工过程中每一个环节所代表的意义与关联性,才可以对浩大的茶叶世界拥有宏观的视野,并更进一步拥有个人独特的见解。

绿茶（龙井）

绿茶嫩采，不发酵，茶干颜色从翠绿到墨绿都有，白毫显著为绿茶的共通点。茶干形状依产区不同各有不同，从针状、螺状到片状、珠状都有。龙井为典型的片状。

绿茶（珠茶）

揉捻成螺状的珠茶。好的绿茶茶干应带有油光。

黄茶

黄茶是从绿茶制作工艺衍生出来的一种茶类，因为较绿茶多了一道"闷黄"的工序，所以茶干呈黄绿色，一样有白毫，多呈针状。

白茶

制作白茶的茶树白毫特别明显，因此白茶茶干的白毫也较其他茶类更为明显。因制作时经过长时间的萎凋，所以茶干颜色呈现褐白。白茶依等级不同，分为芽茶及叶茶，等级越高要求采摘的茶芽越细，茶干呈现针形。

青茶（包种）

青茶是一种半发酵茶，包种着重在香气的表现，制作过程中不团揉，茶干呈条状。制作良好的包种有"砂绿白霜"的特征，隐存红边。

青茶（乌龙）

传统的乌龙多制成半球形，现因多为机器团揉，所以做成球形。制作良好的乌龙茶茶干应色彩斑斓，有深绿、黄绿的颜色且隐存红边。太过墨绿的茶干表示过度嫩采，茶汤必然苦涩。

红茶

红茶分碎型和条索状，条索状的红茶属工夫红茶，毫毛愈明显，等级愈高。好的红茶条索紧结，乌黑但不油亮。

黑茶

黑茶是后发酵茶，以绿茶胚碾压做成各种形状，靠陈放使其后发酵。有坨状、砖状、饼状、柱状，也有散状。好的黑茶因陈放而使茶干呈现黑褐色。

什么是乌龙茶?

是茶类、品种,还是商品名?

乌龙茶,指的就是六大茶类中的青茶。

"乌龙"这个名词使用非常广泛,它是所有半发酵茶的统称,有时代表的又可能是茶树的品种名或出现在包装上的商品名,许多情况下都会让人产生疑惑,甚至导致在消费过程中产生纠纷。一种常见的情况是,有人到阿里山旅游,顺手带了一罐阿里山乌龙茶回家,结果回家一泡,懂茶的友人告知,这不是乌龙,是金萱。此人遂向购茶的店家抗议,店家却坚称自己没错,茶确实是阿里山乌龙茶。孰是孰非?究竟该如何判断?

■乌龙是半发酵茶的统称

其实乌龙是所有半发酵茶共同的代名词,半发酵茶(或称"部分发酵茶""青茶")就是"乌龙茶"(Oolong tea),正如同"红茶"(Black tea)之于全发酵茶,"绿茶"(Green Tea)之于不发酵茶。不管是大陆的武夷岩茶、安溪铁观音、凤凰单枞或台湾的文山包种、冻顶乌龙、木栅铁观音、白毫乌龙,均可划归为半发酵茶。也就是说,无论使用的茶树品种是什么,无论是否在制作工序细节上有不同之处,只要符合半发酵茶萎凋、静置、大浪、堆菁发酵、杀菁、揉捻、干燥工序的,都可以称为乌龙茶。

■乌龙是茶树的品种名

乌龙也是茶树的品种名称。在大陆,茶树名称有

乌龙茶是半发酵茶的统称,只要按半发酵茶制程做出来的茶,通通是乌龙茶。"乌龙"也是一个茶树品种名,台湾常见的有青心乌龙和大叶乌龙。乌龙更常见的用法是做商品名称,当我们买茶时使用乌龙这个名词时,要先确定所谓的"乌龙",指的是一种统称还是品种,或是商品的名称。

乌龙二字的，有"软枝乌龙""大叶乌龙""慢乌龙""红骨乌龙"；在台湾，则有"大叶乌龙""青心乌龙""黄心乌龙"等品种。这些乌龙品种以种子繁殖（属有性繁殖）所产出的下一代，也可以说是乌龙，但在茶树性状上会有变异。

在冻顶，茶农称青心乌龙为"乌龙"或"软枝"；在坪林，茶农称青心乌龙为"种仔"。用青心乌龙制作的乌龙茶，有近似兰花与桂花的特殊香气，质量公认为最佳，当地茶农称为"种仔旗"。台湾市场也以青心乌龙价值较高，目前台湾的新兴高山茶区，几乎全是青心乌龙的天下。当前台湾主要产制乌龙茶的品种，除了青心乌龙，还有四季春、金萱（台茶12号、二七仔）、翠玉（台茶13号、二九仔）、铁观音、青心大冇等。此外，也还有许多适合制作乌龙茶的茶树品种，如白文（台茶14号）、肉桂、水仙、奇兰、佛手、武夷、黄金桂等等。不过在以青心乌龙为主流的台湾市场中，其余茶树品种的知名度相对就低很多了。

● 青心乌龙种茶树。在大陆，青心乌龙也称为矮脚乌龙。一百多年来，青心乌龙种因其优雅的香气与甘醇的滋味而备受消费者推崇，目前是台湾高山地区种植面积最广的品种。

■乌龙是茶的商品名称

"乌龙"也是一种商品名称，这也是一般人最常接触到"乌龙"这一名词的形式。在台湾最耳熟能详以乌龙为名的商品，非"冻顶乌龙"莫属了。

"冻顶乌龙"这一名称源自南投县鹿谷乡彰雅村冻顶巷，海拔约七百米的冻顶台地。这里以生产与清香型文山包种茶特色不同、发酵程度较高、焙火较重的

Chapter 1　品种、产地、季节、栽培　13

● 由冻顶眺望麒麟坛与凤凰山，这三处是公认狭义的冻顶茶区。冻顶茶区在20世纪70年代中期开始大放异彩，冻顶乌龙的声名远播，甚至抢走了原属白毫乌龙的乌龙茶名称，如今凡是半球形或球形包种茶均被称作乌龙。

半发酵茶闻名，早年便与邻近的凤凰村、永隆村共同打响了"冻顶乌龙"这块招牌。但正因冻顶乌龙在市场上大受欢迎，其他地区也跟着模仿，同样挂上了"冻顶乌龙"的名称贩售，于是"冻顶乌龙"的名称逐渐与产地脱钩，成为了一种商品名称。到今天，消费者喝到的名为"冻顶乌龙"的茶叶，往往不是来自冻顶，有可能是以名间的青心乌龙或是阿里山的青心乌龙，甚至是以金萱、翠玉、四季春等制成。这些同样名为冻顶乌龙的商品，虽然因茶叶品种不同可能有些许风味上的差异，但在制程上都属于发酵程度较高、焙火较重的茶。现今"冻顶乌龙"的意义已无关产地与品种，而是比较注重其呈现出的特定类型的香气与滋味。

同样的情况，也发生在"铁观音"这一名词的定义上。铁观音原指产在木栅山区，以铁观音品种、铁观音的制程做出有熟火香的茶[①]（参见133页）。但因为在

[①] 更多对铁观音及台湾不同类型半发酵茶的讨论及产区介绍，可参见陈焕堂、林世煜所著《台湾茶第一堂课》一书。

市场上大受欢迎，于是，也有人以金萱等其他品种的茶树用铁观音的制法开始做茶，这样的茶也称为铁观音。从此，铁观音就从专指某种特定品种、做法的茶变成一种专指某种茶的制法的商品名。不过，在木栅地区，"正枞铁观音"指的还是用铁观音品种、铁观音工序所制作的铁观音茶。

● 铁观音的种植与制作在台湾地区并不多，遵循古法制作的铁观音茶叶色彩斑斓，具有独特的花果香及浓稠甘甜的茶汤，很难让人不动心。

但南投名间乡松柏岭所产的松柏长青茶又是另外一种情况。名间乡比较常见的制作半发酵茶的品种有四季春、金萱、翠玉、青心乌龙、武夷等。只要是出自名间乡的松柏岭，无论是用哪种茶种制作出的商品茶，均可被称作"松柏长青茶"（1975年由蒋经国先生命名）。虽都被称作"松柏长青茶"，但在不同茶行购买的"松柏长青茶"可能会有不一样的滋味与香气类型，这可能还是因为茶树品种与制造工艺不同。

台湾近年来喝高山茶的风气颇盛，"阿里山高山茶""梨山高山茶""杉林溪高山茶"等高山产区乌龙茶（大多为青心乌龙种制成的半发酵茶类）均以"产地"加"高山茶"的名号闯荡江湖。高山茶既然是一种商品名称，那么所使用的茶菁就不限于青心乌龙或翠玉、四季春，而是各式各样的品种了。

同样的现象也可能发生在号称"阿里山乌龙"或"梨山乌龙"的商品上。市面上的"阿里山乌龙"有可能是用青心乌龙制成，也有可能是用金萱或其他品种制成，此处的乌龙是泛指半发酵茶的意思。购买前应先询问店家贩售的"乌龙"究竟是品种名还是泛指的半发酵茶，才不致发生纠纷；倘若店家拍胸脯保证是"种仔"，但泡开后的茶汤却发现是"四季春"，这种情况若非人为疏忽，便是店家的专业能力或诚信等级有问题。

至于梨山乌龙是不是真产于梨山，就如同冻顶乌龙不一定产自南投县鹿谷乡彰雅村冻顶巷一样，"梨山乌龙"的产地也有可能是邻近梨山地区的翠峦、佳阳、环山。质量如何未必与产地相关。

> **乌龙茶名称的今与昔**
>
> 很多人也许不知道，在早年台湾茶叶出口时期，所谓的乌龙茶，专指以重萎凋、重发酵做法制成的"番庄乌龙"以及番庄乌龙的最高级品——"白毫乌龙"[①]。反而为现今消费者所熟悉的"冻顶乌龙"与"文山包种"，因为采摘标准与制作方式上均有别于番庄乌龙与白毫乌龙，于是在学术上特别予以区分，称之为"包种茶"。
>
> 依外形不同，冻顶乌龙被称为"半球形包种茶"，铁观音被称为"球形包种茶"，而文山包种则被称为"条形包种茶"。但在现如今的茶叶市场上，"包种"已经普遍被认为仅指文山包种这样的"条形包种茶"，乌龙也仅用于称呼外形如冻顶乌龙的"半球形包种茶"。而真正在学术上被称为乌龙茶的白毫乌龙，则以"东方美人"（Oriental Beauty）之名，在半发酵茶的世界里独领风骚。不过，为了接近市场主流高山茶的形状，现在台湾的半球形包种茶不管是不是铁观音，几乎都做成了球形包种茶，半球形已经很少见了。

---

① 早年的番庄乌龙共分22个品级，最高级的才被称为白毫乌龙，也就是东方美人。东方美人著蜒率高，有浓郁的蜜香。不过，时至今日，只要是以番庄做法制作的乌龙茶，无论是否著蜒，都被称为东方美人。

系统了解乌龙茶的世界

判断茶叶品质的四个角度

选好茶,有系统的脉络可循,掌握茶叶的适制性、茶树的生长环境、茶园的栽培管理以及茶叶制作工艺,就能理解制茶背后的科学原理,轻松选好茶。

影响茶叶质量的因素包含:茶树品种特性、茶园生态环境、茶农管理方式、茶叶制作加工(如发酵、采摘等)以及储存方式等。以上各项因素又环环相扣,例如杀菁不足,冲泡后的茶汤放置一段时间后容易红变;或是施肥过多,茶芽易徒长,含水量高不易制作或泡茶后容易苦涩。这些情况都是各种因素相互影响而导致的,必须理性地看待与讨论。大部分从事茶艺教学、茶叶买卖的相关人士,往往以错误的观念及角度来诠释茶叶品质的形成,如"幼恰有底"(见76页)、"高山气强"等,将学理模糊化、神秘化,让爱茶者对于茶叶的品质判断往往是只知其一,不知其二,茫茫然无所适从,当然也无法学习与进步。

■ 角度一:茶叶的适制性

学茶,必须先从了解茶树品种的适制性开始。不同品种的茶树,因为物质组成不同,因而有滋味与香气的差异,所以适制的茶叶种类也不相同。茶叶中包含的重要物质有多酚类、氨基酸、咖啡碱、糖类与芳香物质等,不同品种的茶树所含的物质比例不同。大叶种茶树含有较高的具苦涩味的多酚类物质,多酚类物质经发酵转化后,会转化成苦涩度低的新型多酚类物质,因此适合制作发酵程度高的红茶;中叶种和小叶种茶树的多酚类物质含量比大叶种茶树低,适合制作发酵度稍低的青茶(乌龙茶)或是不发酵的绿茶(见2页)。不了解茶叶的适制性,一味地追求主观认定的香气或滋味，便无法恰当发挥茶叶的特质。好比以大叶种茶树的夏季嫩芽叶制作绿茶，肯定苦涩不堪；以小叶种茶树制作红茶，香气虽好滋味却显淡薄。这两种情况的发生都是由于没有运用茶种适制性制茶。

■角度二：茶树的生长环境

茶树生长的生态环境，如阳光、空气、土壤、水分等，主导了茶叶内的物质组成。其中，日照时间的长短、日照的强弱、气温、降雨与湿度等气象条件影响最大。而这些条件又受到茶园所在的纬度、海拔高度、地形、地势、季节等因素左右。对于迷信产地的台湾茶叶市场来说，茶树生长的各种生态条件被过分简化到只关心海拔高度，凡标榜"高山"即为好，从产地到消费市场皆不例外。

任何自然因素的变动，过与不及对茶树的生长发育都不利。例如，高山的气候条件适合种茶，却有着非常不利于制茶的天然条件（见140页）。同时，高海拔茶区春季萌芽后，因为海拔高，容易产生霜害冻伤茶芽，对茶农而言是很大的损失。在高山的利弊不被正视且缺乏全面评估的情况下，一味追求高山让许多茶农血本无归，消费者喝到的也多是制作不精的高山茶。

■角度三：茶园的栽培管理

通过不同的栽培管理，包含施肥、杂草管理、病虫害防治、修剪、灌溉等措施，在原有的生态环境下，进一步改变茶叶的物质组成与产量，适当地使用有机质与无机盐肥料，对于茶叶质量与产量的提升才有正面的帮助。错误的肥料使用方式，长期下来不仅使土壤环境劣化，还会导致茶树提早衰败，质量逐年下降。而且过度施肥的茶叶，含水量高，不利于萎凋发酵，制作出的茶汤菁味重，非常苦涩。大量施肥虽可增加茶芽内氨基酸含量，喝来回甘迅速又强劲，但却有肥料残留过多的疑虑。有机栽培对人、土地及作物都是更为友善的对待方式，但因为进入的门槛极高，合理施肥与用药便成为茶农当下需要努力解决的课题。

近年来茶园的杂草管理不同于以往使用杀草剂的方式，已变为鼓励草生栽培，对土壤的物理、化学及生物性都有正面的效应。在缺乏雨水或灌溉设施的地区，可有效涵养水分；而在多雨的地区，可减少土壤的冲蚀流失。茶叶是茶树的营养器官，采摘与修剪等同于移除茶树光合作用的来源，适当地留养与修剪是延长茶树经济年限的重要策略，也是确保茶树质量与产量保持高峰的因素之一。不同的茶园要辅以不同的管理策略，才能获得质量优异且安全的鲜叶原料。

■ 角度四：制作工艺

茶叶终究是农产加工品，有了好的茶菁原料，还需要在合适的气候条件下，通过制茶者的智慧与劳动，让茶叶的香气与滋味转化，这是最重要的。茶叶在不

● 清晨的名间茶园，茶树栽植整齐，没有枯黄的缺株，管理良好。名间茶区地势平坦，阳光充足，均匀的日照使茶菁质量平均，平坦的地势使茶园管理方便，适合机采，可用机器快速集菁，有利于日光萎凋和后续工序的进行，所以名间地区所产茶叶的水平向来稳定。

同成熟度时期采摘，表现出的物质组成比例不同（见60页），不发酵的绿茶、半发酵的乌龙茶（青茶）与全发酵的红茶，都必须分别采摘不同成熟度的茶叶或茶芽，经过一连串的加工过程以获得"毛茶"。掌握制作工艺，是保证茶叶品质的关键，制茶人对加工过程中的各种变化需要有足够的背景知识及判断力，能够根据不同的环境调整制茶流程，而不是公式化操作。

制成的毛茶通过拣梗、剔除黄片、焙火与拼配等精制作业，可使茶叶的香气与滋味进一步优化，并降低含水量，使质量更为稳定。除了要挑选制作优良的毛茶，市区茶行的重点工作是精制作业，这样才能提供给消费者稳定且优质的商品。

最后，茶叶在存放的过程中，若选择存放的原料与方式得当，会转化为有别于新茶的风味，如发酵度与干燥度适当的半发酵茶类陈放数年后会表现出类似杨桃干的酸香和滋味，为茶的香气与滋味提供了另一种可能。

影响茶叶质量的因素从品种、产地、种植到制作，原因复杂且相互影响。但大多数爱茶者缺乏系统理解的渠道，只能通过媒体或销售方获得零星片断的知识，这些大量快速传播的信息往往又与事实脱钩。且销售方作为消费者与生产者之间的桥梁，并没有足够的专业知识教育消费者该如何识茶，却还以外行指导内行，盲目对生产端提各种要求，导致市场乱象层出不穷。

茶不是单纯的农产品，而是一种历经复杂程序的农产加工品，当你将茶样置于碗底，开汤冲泡开来，你看的是门道还是热闹呢?

认识不同品种的适制性

随茶叶变迁而变化的茶树品种

不同品种的茶树有不同的适制性，大叶种茶树适制红茶，中、小叶种茶树适制青茶与绿茶。台湾目前的茶树品种以青心乌龙为主流，嗜者称之为「种仔旗」。台茶十二号金萱、台茶十三号翠玉是第二次世界大战后开发出的新品种，无论制作任何类型的乌龙，表现都相当优异。

台湾的茶树品种自19世纪末由福建引入，台湾被日本殖民统治时期由日本人重新选种并大力推广；1948年后，有"战后台茶之父"美誉的吴振铎教授整理前人研究成果，并积极培育新种。历经时代变迁，台湾茶树品种才得以呈现今日丰富多元的面貌。

19世纪末，在台湾乌龙茶正式出口之前，台湾只有野生茶树，并未大规模生产茶叶。直到清末英法联军与清政府签订《天津条约》，在淡水开港，英国商人约翰·多德（John Dodd）来台探查，认为台湾茶产业深具潜力，于是自福建引进茶种，在台湾北部丘陵积极试种，成效颇佳。之后便开办洋行，以乌龙茶打开了台湾茶的外销市场。外销初期制作的都是乌龙茶，后来因为乌龙茶市场衰退而改制薰花包种茶。在当时，茶树品种还未受到重视。

■从外销的青心大冇到内销的青心乌龙

台湾被日本殖民统治时期，日本人设立诸多茶叶研究机构，其中平镇茶业试验支所调查了台湾各地茶叶品种后，选定青心乌龙、大叶乌龙、青心大冇与硬枝红心为优良品种，大力推广种植。被日本殖民统治时期以前，台湾茶以乌龙茶与薰花包种茶为主，分别外销美国与南洋地区（明清时期中国对东南亚一带的称呼）。1912年前后，王水锦与魏静时两人研发出不薰花包种茶制法，被日本殖民统治当局大力推广，对日后台湾茶业发展影响深远。青心乌龙这一品种因制作

Chapter 1 品种、产地、季节、栽培

出的包种茶质量优良而被大量种植。台湾红茶的生产制作也在同一时期得到推广。鱼池红茶试验支所初期以制作乌龙茶的小叶种茶树制作红茶，虽然香气较佳，但因滋味不及印度、斯里兰卡的大叶种茶树浓郁，遂将红茶茶树品种进行了培育改良，并于鱼池一带大规模推广种植。直至今日，在台湾北部及中部山林中，还可以看到当年推广种植的阿萨姆种茶树。

第二次世界大战期间，日本在台湾的茶树育种工作中断，不过那时已经积累了许多珍贵的研究成果。1948年起，吴振铎教授任职平镇茶叶试验分所所长，积极整理日本殖民统治时期留下的研究成果，于1969年发表台茶一号至台茶四号，1974年发表台茶五号与台茶六号，1975年发表台茶九号至台茶十一号。此外，鱼池茶业试验所也于1974年发表台茶七号与台茶八号。

自"二战"结束到20世纪70年代以前，台湾茶以红茶与绿茶外销为主。青心大冇适制红茶与绿茶，并且单位面积产量高，种植面积最广。其次为黄柑种，主要种植于桃竹苗山区。而后随着外销市场没落，适制包种茶与高级乌龙茶的青心乌龙逐渐主导茶叶市场，成为现今台湾种植面积最大的品种。

金萱、翠玉是"二战"后台湾茶业发展史中意义非凡的茶树新品种。自1981年正式发表以来，深受消费市场喜爱，屹立不倒。金萱的登记名为台茶十二号，翠玉为台茶十三号，这两个新品种无论用于制作什么类型的乌龙茶，表现都相当优异。近年来广受市场欢迎的新茶种还有以制作红茶而闻名的红玉——台茶十八号。

了解了以上台湾茶树品种的演进，或许有人问，从台茶十三号直接跳至台茶十八号，台茶十四号——白文、台茶十五号——白燕、台茶十六号——白鹤与台茶十七号——白鹭怎么消失了？（见表1）

表1　消失的台茶十四号至台茶十七号品种特性一览

登记名	台茶十四号	台茶十五号	台茶十六号	台茶十七号
俗名	白文	白燕	白鹤	白鹭
杂交组合品系代号	72-145	72-215	72-283	72-322
杂交组合亲本	♀台农983号♂白毛猴	♀台农983号♂白毛猴	♀台农335号♂台农1958号	♀台农335号♂台农1958号
适制性	包种茶、乌龙茶	乌龙茶、白茶	龙井、包种花胚	乌龙茶、寿眉

■消失的白文、白燕、白鹤、白鹭

这四个新品种,自1960年开始进行人工杂交,至1981年区域试验完成后,于1983年正式命名发表。研究成果显示,白文适制包种及乌龙,白燕适制乌龙及白茶,白鹤适制龙井及包种花胚,白鹭适制乌龙及寿眉。四个品种中除白文尚有适制包种茶的条件,其余三个品种与1981年发表的金萱与翠玉在适制性上有显著的不同。这四个新品种源自白毛猴、台农335号、台农983号与台农1958号的人工杂交后代,其中白毛猴与台农1958号都是适合制作乌龙茶的优良品种,子代保留了亲本的特性,大多适制乌龙[①],即便是适制包种茶类[②]的白文,综合表现也不如青心乌龙、金萱与翠玉。

20世纪70年代中期,台湾茶业由外销出口开始逐渐转为内销,茶叶的生产也从外销时期的产制分离转为农户自产自制自销。20世纪80年代,高山茶区兴起,往后几年随着茶园向高海拔地区扩张,茶叶的制作也倾向于向清香型包种茶,甚至嫩采与不发酵的绿茶化制程靠拢。这样的背景,对于适制发酵程度较高的乌龙茶的新品种而言,无疑是个不利条件。

1986年,白文、白燕、白鹤与白鹭这四个新品种上市,主导新品种研发的吴振铎教授此时已经退休,导致新茶种的宣传力度不够。而茶农们受金萱与翠玉的成功先例的影响,一窝蜂地抢种新品种,并以包种茶的制造方式加工。新品上市的蜜月期一过,市场回归到理性层面,新品种不符合市场清香型包种茶的要求,很快被淘汰。茶农原想复制金萱与翠玉的成功经验,以为这回如法炮制必能成功,殊不知到最后血本无归,于是纷纷指责新品种质量不佳。

其实,以唯一适制包种茶的台茶十四号来看,亲本的白毛猴适制乌龙茶,另一亲本台农983号为黄柑种与Kyang的杂交后代,黄柑与Kyang均适制红茶。虽然白文在试验阶段被评估为适制包种,但是如果采摘的是成熟度较低的茶菁或者

---

① 此处指学术上分类的乌龙,即发酵程度较高的番庄乌龙和白毫乌龙(见16页)。
② 此处指学术上分类的包种茶,包括条形、半球形和球形的包种茶(见16页)。

① 红玉。大叶种，叶片呈椭圆形，叶缘有波浪状，有别于世界主流的红茶品种，茶叶毫毛并不显著。茶汤有薄荷香、果香、麦芽糖香。埔里鱼池、花莲鹤冈、名间、龙潭，几乎全台各茶区都有它的踪迹，是目前台湾最走红的品种，在大陆茶区尚没有红玉踪迹。

② 佛手。大叶种，叶片呈椭圆形，因叶大如手掌故名佛手，发源地在福建永春。台湾主要分布在坪林石碇一带，阿里山石桌、台东有少量栽培。此品种在台湾中部多做成球形，北部做成球形或条形。香型是黄熟佛手柑的香味。在闽北与闽南茶区皆有栽培，主要产地在永春。

③ 水仙。大叶种，叶片呈椭圆形。台湾主产区在北部茶区，坪林、石碇有少量栽培。适合做成重发酵的茶，一般习惯焙成熟茶。香型是成熟果香。水仙品系广泛分布于闽北与广东凤凰山茶区，但依地域不同，品种特色相异。

④ 大叶乌龙。中叶种，叶片呈披针形。主要栽培在花莲，适制乌龙及蜜红茶。此品种若制程发酵足够，容易形成焦糖香。原产地位于闽南安溪长坑蓝田。

⑤ 铁观音。中叶种，叶片呈椭圆形。目前产地以木栅为主，坪林也逐渐开始种植，此外梨山、雾社、阿里山也都有少量栽培。此品种在木栅、坪林的长势较差，在高海拔地区长势较好，但因叶肉厚，所含水量多，在高山制优率偏低，需要适宜的天气与耐心配合才能做出好茶。此茶以重萎凋、重发酵的方式制作，焙成熟茶，做得好的时候呈现花果及蜜香，做得不好的成品滋味苦涩，只有火焦味没有茶香。原产地为安溪西坪，广植于闽南各茶区，云南亦有少量栽培。

⑥ 翠玉。小叶种，成熟叶呈椭圆形。此品种可做成条形包种，冻顶、名间则多制成球形的乌龙茶。此品种叶肉厚，嫩梗含水量高，因此高山制优率较低，所以少见于高山。制成茶汤后，最易形成玉兰花的香气。在台商投资的大陆与越南等茶区均可见翠玉的栽培。

⑦ 白文。小叶种，叶片呈椭圆形。这是市面上很难见到的品种，现在只有在石碇水底寮有少量残存。此品种成熟叶偏黄绿色，与现今市场上要求茶干墨绿紧结的标准不相符，所以不受欢迎。适制乌龙，茶汤可呈现花香及果香。由于市场能见度低，大陆茶区尚未听闻有栽培此品种。

24　乌龙茶的世界

⑧ 金萱。小叶种，叶片呈椭圆形。此品种栽植区大部分在海拔 1200 米以下，海拔 1200 米以上的只有武陵农场。叶肉肥厚，和翠玉相同，在越高的地方，长势越好，但因嫩梗含水率高，梗较长又粗壮，高山制优率会偏低。香气型态呈鲜奶油香时茶汤较苦涩；呈牛奶糖香时，茶汤圆润；有时也会呈现桂花香。广植于中国、越南、泰国等茶区，是目前越南茶区的主力栽培品种。

⑨ 青心大冇。小叶种，叶片呈披针形，叶缘有较锐利的锯齿。产区位于桃竹苗地区。这是一种生命力强健的品种，春、秋可制成乌龙，供加工茶饮使用，夏季则可做成东方美人。此品种没有休眠期，即使冬天也可著蝝，做成东方美人，只是香气表现与夏季会有所不同。因为制成东方美人质量极佳，有台商携往大陆种植。

⑩ 肉桂。小叶种，叶片呈披针形。此品种原产地为福建，是武夷山名欉之一，主要香型为桂皮香及蜜桃般的熟果香。台湾只有名间和坪林有少量栽培。

⑪ 四季春。小叶种，叶片呈椭圆形。四季春是一种野生茶种，是数十年前由木栅茶农偶然发现的。目前以名间栽培最多，是名间的主力茶种。此品种香气特别妖艳，根据制作方式的不同，有野姜花、茉莉花等不同的香味。生命力强健，几乎不休眠，在名间茶区可采摘六到七次。四季春不怕冷，在气温低的季节，也就是晚冬早春制成茶叶的表现会比较好。高温长日照季节会较苦涩。台商早年亦携往云南、广西一带种植，越南境内亦有。

⑫ 武夷。小叶种，叶片呈椭圆形。此品种叶色淡绿，所以在某些茶区也称之为"白叶仔"。此茶三十年前制作时采取重发酵方式，焙成熟茶，果香表现明显。现在主要生长在宜兰、坪林、石碇、名间，福寿山农场有极少量栽培。此品种应为早期由闽北或闽南传入台湾，但并非名欉，以闽北的命名习惯则称"菜茶"。

⑬ 青心乌龙。小叶种，叶片呈披针形。在台湾地区、云南、福建漳平永福地区都有种植，海外产地有新西兰、越南、泰国北部等。此品种在栽培上较娇贵，但因制优率高，且香气较受市场欢迎，因此是目前市场占有率最高的品种。香气多元，在不同的采摘和制作过程下可能出现各种不同的花香、果香、蜜香。

⑭ 奇兰。小叶种，叶片呈披针形。在坪林石碇有少量栽培，是一种快灭绝的茶种。此品种做出的茶叶有类似线香般的香气。适合做成乌龙茶，原产地为福建平和地区。在品种间还可细分出白芽奇兰、青心奇兰、早奇兰、慢奇兰等，目前主要产地为福建平和。

Chapter 1 品种、产地、季节、栽培

制作时发酵程度较低，便会表现出适制红茶所带来的苦涩味。当时高山茶的轻发酵制作路线席卷市场，茶农不明就理地以高山茶的制作方式对待新品种，最终的失败是必然的。

1999年，台茶十八号在历经超过15年的空窗期后发表。别名"红玉"的台茶十八号，与台茶十四号至台茶十七号有着截然不同的命运，获得了极大的成功。适制红茶的红玉，因定位明确，并不像文、燕、鹤、鹭一样早夭，不管是在生产端或销售端，红玉数量都持续攀升。红玉在市场上反应良好，吸引茶农扩大栽种，但是以台湾小规模的内需市场来看，若不积极打开外销市场，恐怕会有生产过剩的问题。

今日文、燕、鹤、鹭这四个品种在市场上几乎绝迹，目前得知仅在石碇有少量白文种栽种。当年与这四个品种同时进行选育，但没有正式发表命名，品系代号为72－209的品种，因缘际会下却在花莲舞鹤茶区落地生根。舞鹤的茶农将这个未正式发表的品种，以白茶的制造方式加工，适性而制，这位茶农可说是该品种的知音。

过去农政单位未能正确引导茶农好好利用这四个新品种的适制性，盲目地制作轻发酵包种茶，实在是可惜。新品种适制高级乌龙茶的特性与近年来广受欢迎的东方美人茶异曲同工。低海拔茶区，只要懂得新品种的内涵，就能利用地理环境的绝佳条件，制作出不同于主流高山茶的特色茶，让这四个新品种能发挥优势，让文、燕、鹤、鹭发扬光大。

认识茶树生长与产地的关系

买茶要看产地吗?

理解台湾茶的产地特性,必须掌握各地区的微生态条件,包括土壤特性、阳光等,茶叶的物质组成与茶农的茶园管理方式及茶园微生态环境都息息相关,就算是同产地的茶园,也会有各自不同的微生态,不能等同视之。

"产地"一直是消费者购买茶叶时必须考虑的因素,"海拔高度"更是决定价格的重要指标。台湾这种山多平原少,平均气温、日照与降雨量适合茶树生长的海岛型地区,产地的细节差异在哪里?阿里山、杉林溪、梨山、大禹岭,哪一座山头生产的茶叶质量最好?海拔高度又有什么意义?这些是很多人心中的疑问,甚至也是很多从业者心中的大问号。

台湾南北长不过四百千米,主要的茶区南北长大约两百千米,虽然各地气候条件不同,但大致上都是适合茶树生长的。不过,台湾的地形山多平原少,复杂且破碎,因此各地的微型气候与地理条件都会有所不同,很难简单用几句话来衡量各茶区的特性。一个令人难以想象的例子是,位于花东纵谷,海拔高度约900米的赤柯山,气候条件竟与纬度相同,海拔约1400米的嘉义梅山地区相近。所以理解台湾茶的产地特性,必须从更细的各地区微生态条件入手。

中国是茶叶的发源地,福建则被认为是乌龙茶的发源地,近二十年来因为台商大量的投资,乌龙茶的生产范围遍及华中、华南各个省份,分布极为广泛,产地自然条件千变万化,跳脱了以福建为生产中心的传统思维。福建及广东茶区因临海,气候条件与内陆省份的大陆型气候有着不同特性。各地区又因为纬度、海拔、地势、林相、降雨量、土壤结构的不同,使乌龙茶在中国变得更为丰富多元。

Chapter 1　品种、产地、季节、栽培

● 茶，"上者生烂石"。带有石块的土壤，排水及通气性良好，久雨不涝，久旱不涸，且矿物质丰富。茶树喜湿怕涝，适合在阳光充足，湿度平均且为酸性的土壤上生长。

■ 从土壤属性判断茶树质量

陆羽《茶经》说，茶树"上者生烂石，中者生砾壤，下者生黄土"。烂石、砾壤与黄土代表土壤的质地，关系着土壤的排水性、通气性与肥料的吸附能力等物理特质。

一般排水性好的土壤质地，通气性也好，水分及肥力充足的土壤环境，适合植物根系发育，因此茶树的质量表现也较好。排水性好的砾石土壤，虽然适合茶树生长，且茶叶内的各种物质丰富，能制出好茶，但肥料的吸附能力不佳，土壤较不肥沃，因此产量低。排水

● 实生苗（左）：可见清晰主根。
扦插苗（右）：根系无明显主根。

● 地表有青苔，表示排水不良、通气性不佳。排水不良的土壤湿度过高，在长期耕作下，有机质缺乏，形成土壤硬化，根系无法拓展，从而导致树势衰弱、产量低下。

性较差的黄土质地，保持水分与肥料的能力较好，虽然土壤中矿物质少，茶叶品质略差，但经过施肥管理，产量较高。

　　茶树的繁殖可分为有性繁殖的种子繁殖和无性繁殖的扦插或压条两大类，经由种子繁殖的实生苗茶树，根系能见到明显的主根，可探入较深层的土壤。扦插苗与压条苗的根系则没有明显的主根，在土壤中的分布相对较浅。茶树根系除了吸收土壤中的无机营养盐和水分，还有合成氨基酸、储藏养分的功能。如果茶树根系生长分布范围较广，茶菁的产量与质量也随之提升。如果根系所处的土壤环境排水、通气性不佳，根系长时间浸水，无法正常进行呼吸作用，就会失去活性，连带茶树地上部分的枝干生长也会受阻，产量与质量就会随之大打折扣。

　　土壤是由众多有机物与无机物所构成的复杂生态系统。土壤的厚度、质地组成、孔隙的多寡、水分含量与温度等基本的物理性质，将直接或间接地影响茶树的生长发育，与质量和产量有绝对的关系。

　　在土壤化学中，茶树种植最被重视的是土壤的酸碱度。土壤酸碱度直接影响土壤水溶液中的无机盐组成，进而影响茶树的养分来源。茶树喜好酸性的土壤，

pH约在4.0~5.5。过高或过低的酸碱度都将使茶树的根系无法正常吸收土壤中的营养盐,阻碍新梢的生长。

土壤中的有机质除了可以提升土壤物理性质,其分解后也能为茶树带来营养,并且可以提升土壤的缓冲能力,使土壤的酸碱度更为稳定,不容易因为外在环境的剧烈变动而影响茶树的发育。风化作用让土壤分解出多种无机营养盐,溶解在土壤水分中,或吸附在土壤颗粒与土壤有机质上,为茶树生长提供所需营养。土壤母质决定了无机营养盐的种类与含量,与茶叶质量息息相关。

有机质丰富的土壤,团粒结构好、孔隙多,适合茶树根系的发展。若缺乏有机质,则土壤硬实、通气性差,不利于土壤微生物的繁殖,根系不健康,产量与质量皆低。

此外,土壤的生物性也深受土壤的物理性与化学性左右,若是土壤缺乏有机质或使用农药与肥料不当,便会引发微生物生态系统的失衡,茶树根系无法正常发展,导致茶叶质量与产量下降,茶树提早衰老死亡。

■从芽叶看懂茶树长势

茎是联结根系与花、果、叶的器官,联结主干的枝条称为一级侧枝,各个侧枝上有更次一级的分枝。未成熟的茎称为嫩梗或新梢,成熟的茎已经木质化,称

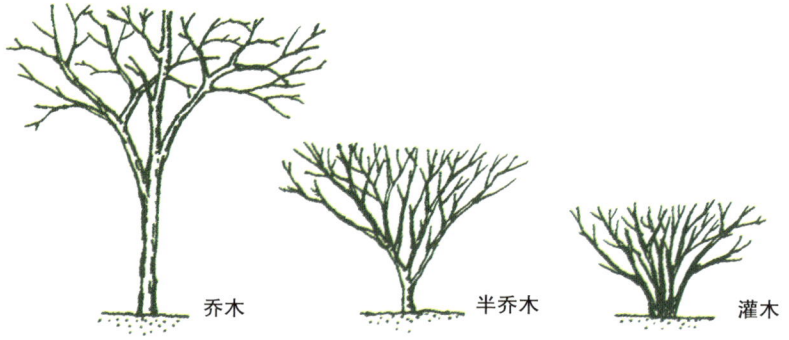

● 茶树品种不同,枝干的生长特性也不同,依照主干分枝的位置,可分为乔木型、半乔木型与灌木型茶树三种。

为枝条。依主干分枝的位置，茶树可分为乔木型、半乔木型与灌木型三种。乔木型茶树植株最高大，主干分枝处距离地面至少30厘米；半乔木型茶树植株稍小，主干明显，主干分枝处在地面以上；灌木型茶树植株矮小，没有明显的主干。依照分枝角度的不同，树冠部可分为直立型、半直立型（或半横张型）及横张型。

茶树的芽有两种，分别为叶芽及花芽。叶芽持续生长发育成为枝条，花芽发育成为花。叶芽依照生长部位的不同分为定芽与不定芽，定芽又可分为顶芽与腋芽，顶芽位于枝条顶端，腋芽位于叶腋处。顶芽的活动力比腋芽强，俗称顶芽优势。当新梢成长至一定程度，水分与养分供给不足，顶芽生长停止，便形成驻芽。此时驻芽与其他腋芽称为休眠芽，待驻芽下方成熟叶借由光合作用累积足够养分，驻芽将再次萌动生长。不是自叶腋处或顶端发育的芽，称为不定芽。不定芽的生长位置无法预测，秋冬季形成的不定芽，于春季萌发生长，数量多，长势也最好。如果茶树健壮，则定芽与不定芽的萌发率高，展叶数多，产量高；反之，若茶树衰老或遭遇生长逆境，萌芽数减少，展叶数少，产量自然就低了。

叶子有鳞片、鱼叶与真叶三种不同的形态。伴随着芽的发育生长，叶片也依次展开。最初展开的为鳞片，鳞片脱落后鱼叶展开，然后才是真叶展开。依照成熟叶的面积大小，茶树可分为大叶种、中叶种与小叶种茶树。以外形区分，叶片形态可分为披针形、椭圆形、圆形。叶子通过光合作用制造养分以为茶树各部

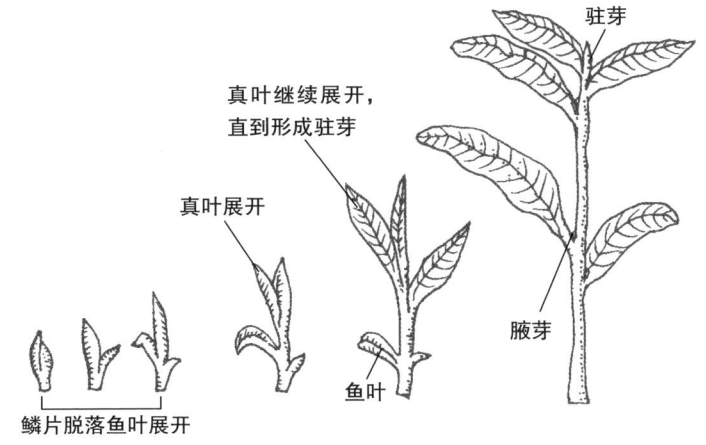

● 茶芽萌发过程

● 茶树的叶片形态依据品种不同，基本上可分三类，由左至右分别为披针形、椭圆形及圆形。

位生长提供能量。叶子的次级代谢产物，构成了茶叶内独特的物质成分，比如咖啡因、多酚类物质与香气物质。随着叶子生长，成熟叶比幼嫩叶可发生更强的光合作用，累积更多的营养。幼嫩叶的生长所需的营养得由根部或成熟叶所储藏的养分来提供，等到嫩叶长到一定成熟度后，才有足够的光合作用能力，生产及储藏更多养分。成熟叶有一定的寿命，到一定时间会衰老，光合作用率降低，进而脱落。

茶树的花与果是生殖器官，主要的功能在于繁衍后代，在以采摘茶叶为目的的茶园，会希望通过管理来减少茶树的开花与结果。这是因为，茶树大量开花结果会消耗掉茶树内部大量的营养，减少萌芽数与展叶数，降低产能。

■日照强弱影响茶叶内含物质的成分

根据联合国2010年统计资料，全球约有313万公顷的茶园面积，年产量约为448万吨。亚洲是全球茶叶栽培面积最广，也是产量最多的地区，年产量约为376万吨，占全球总产量的84%。非洲茶叶年产量约60万吨，产量仅次于亚洲地区。

中国是全世界茶叶栽培面积最广产量最多的国家，其次依产量由多至少分别为印度、肯尼亚、斯里兰卡、越南、土耳其、伊朗、印度尼西亚。前四大产茶国的茶园大多位于赤道两侧至北纬30度之间的热带及亚热带地区。

整体而言，在低纬度地区，因日照时间长，季节差异性不大，因此茶树的生长期长，无显著的休眠期，几乎全年都可以采收。在月平均温度差异比较大的中、高纬度地区，受到日照的限制，茶叶的生长具有季节性，进入秋冬季节时茶树便休眠不再萌发新芽。气候越寒冷的地区，茶树休眠期越长，年产量也就越低。日照时间的长短，除了影响气温，也影响土壤的温度、湿度，与茶树的生长发育息息相关。

日照的强弱与光谱组成，影响茶树的光合作用和其他生理代谢。在某个特定范围内，光合作用速率与日照强度成正比。日照强度对茶叶中的氨基酸含量有明显影响，强日照会减少新梢的氨基酸含量，所以，适度降低茶树的日照强度，有利于茶叶中氨基酸含量的提升。高山地区容易起雾的潮湿气候特性散射了部分日照，使茶芽得以累积较多的氨基酸，因此适合种茶。叶面积大小、叶肉薄厚、节间长短也会受日照强度与光谱的组成影响而改变，在不同地区、不同节令会表现出不一样的生长特征。

■日夜温差影响茶叶内含物质的多少

气温直接影响茶树的生长发育，纬度高低、海拔高度、坡向、季风、水文、地势等都会对茶树生长发育产生影响。品种不同的茶树，对于温度的耐受力也不一样，最适合的生长温度也不相同。根据已知的研究结果，灌木型的中、小叶种茶树比乔木型的大叶种茶树更能耐受低温。茶树在一定的温度范围内可顺利生长，一般认为日平均温度在18～30℃，是茶树最适宜的生长温度。超过此范围，茶树的生长便趋缓甚至停止。不同品种的茶树喜好的生长温度各不相同，少部分品种在相对低温的环境下即可萌芽生长，属于耐低温型，冬季也比其他品种更晚进入休眠期，生命力旺盛，产量高，四季春就是这类耐低温的品种。

● 产地的气候条件不同会影响茶树的叶片发育程度。一般在气温较低的高海拔地区（图右），叶肉要比气温较高的低海拔地区（图左）来得厚实。若加工程序完整优良，高海拔地区制作出来的茶汤会相对比较耐冲泡。

在茶树最适宜生长的温度范围内，温差是影响茶树发育的重要因素。白天充足的日照与气温有利于进行光合作用并累积养分；夜晚的低温，可减缓茶树呼吸作用的进程，茶树消耗较少养分，累积较多的有机物质。

茶树树冠枝叶茂密，叶面蒸散的水分较多，生长所需的水分就更多。地区年平均降雨量与茶树的年产量有直接关系，月平均降雨量则直接反映在每一季的产量上。降雨强度过大，水分不易渗入，径流量大，容易冲蚀土壤；若是连日降雨，土壤含水量过高，孔隙被水分充满，根系得不到呼吸作用所需要的氧气，茶树也就无法正常生长。

土壤特性、阳光、温度、雨量、茶农理念与茶园管理，这些是真正构成茶汤滋味的关键。即使是在现今台湾市场过于夸大海拔高度的情形之下，茶叶的质量也脱离不了这几项基本因素。而且就算是同产地的茶园，也会有各自不同的微生态环境，不能一概而论，认为只要是产自梨山或阿里山的茶叶就一定好。

想要更深入了解茶树的栽培及其对茶叶风味的影响，不妨亲自到各地的茶山走走，实际探访当地的自然风土，或许能一窥其中的门道。

买茶不只看海拔

台湾人爱买茶送礼,但往往对茶叶质量没有足够了解。在这种情况下,市场价格被哄抬到极高的"高山茶"往往成为消费者的第一选择。但高山茶真的有这么高的价值吗?

嗜茶者常说产地的生态条件会影响茶树的生长发育,但这必须有定性加定量的解释。比方说,我们经常在茶叶广告中见到这样的描述:某某高冷茶区位于海拔几千几百米的原始森林,日夜温差大,终年云雾缭绕,土壤有机质丰富,叶片肥厚,果胶质丰富。只是,究竟海拔要多高、日夜温差要多大、云层要多厚、湿度要多高、有机质含量要多少,才是最适合茶树生长的环境?没有人可以说清楚讲明白,产地神话使这种含糊不清的说法成为市场定律。

海拔高度的重要性被夸大渲染,茶农们也就往更高的山林去开垦茶园。比较全球主要的产茶地如中国大陆、印度、斯里兰卡、肯尼亚等,台湾地区茶园的高度的确是高,海拔1000米以上的茶园比比皆是,甚至海拔高达2600米的地方都还有茶园。这样的高冷茶,生产成本高,售价自然也高人一等,质量却参差不齐。

"产地不完全重要,海拔高度仅供参考",这才是以制作半发酵茶为主的台湾茶应该抱持的态度。如果产地因素对茶叶质量起决定性作用,代表茶叶制作向绿茶制作靠拢。即使是在同一个大范围的产区,当中的各个茶园的茶叶,也会因为微栖地环境的不同,在未经采摘加工之前,原料上已经有了本质差异。如果再考虑制造工艺与制造天候等变量因素,同产区的质量差异问题就更趋明显了。

闽北的武夷山与闽南的安溪,半发酵茶制作技艺被官方认定为"非物质文化遗产"。半发酵茶的制造工艺是一种具有深厚科学内涵的传统技艺,深入了解制作过程中茶叶所发生的各种生物化学反应,会对前人的智慧结晶更加赞叹。而半发酵茶的制造工艺在一百余年前从大陆渡海来台,经由前人改良并发扬光大,文山包种、木栅铁观音、冻顶乌龙才能在台湾也发光发亮。

高山茶在市场崛起后,不禁让人对传统工艺的陨落心生叹息。大陆极力复兴半发酵茶的制造工艺,并且投入大量的学术资源作为后盾;反观台湾的茶业,这二三十年来,进步的速度非常缓慢,已被大陆远远超越。

德国的工业产品在世界各地都有相当正面的评价，虽然市场价格往往较其他国家品牌高，但被广泛接受的原因，就在于德国人实事求是与一丝不苟的敬业态度，这种态度造就品质优异的产品特性。台湾的茶叶制作工艺也应该向德国学习，但半发酵茶朝向绿茶的制作方式靠拢，且过分重视产地，可以说等同于摒弃了制造工艺的价值。回归半发酵茶的工艺层面才是将台湾这项具有优良传统的技艺发扬光大的唯一正道。

栽培方式对茶叶品质的影响

合格的栽培才能养出合格的茶菁

采摘成熟度与留叶标准需取得平衡，才能在产量、质量与茶树经济年限间做到十全十美。嫩采及错误的修剪方式将使根系缺乏来自叶子光合作用的营养输入，从而无法产生良好的茶菁原料。

茶叶是一种农产加工品，茶菁的质量与内含成分当然会影响茶汤最后的品质。以不恰当的方式栽培茶树，不但缩短了茶树的生长年限、破坏了水土，茶叶中用来转化为香气和茶汤滋味的丰富内含物质也会不足，喝了伤心又伤身。究竟什么样的栽培方式才能造就合格的茶菁，并且不过度使用土地，还能充分发挥出半发酵茶应有的风味呢？

■足够的留叶量才能为茶树提供生长能量

茶树是一种多年生的木本植物，若放任其自然生长，可以长到几十米高，树龄可达数百年。茶树从根系吸收土壤中的水分与养分，经由叶子的光合作用与呼吸作用使茶叶蕴含丰富的营养物质，储存于茶树的各个器官中。有别于果农采收的果实属于植物的生殖器官，茶农采收的是茶树的营养器官——生长点顶端的芽叶。所以，如果茶树的营养器官都采摘殆尽，那么茶树就无法进行光合作用，缺少维持生理机能所需要的营养，逐渐迈入衰老期。倘若再加上错误的修剪方式，等于是加速茶树的老化，会带来很严重的后果。

若将整株茶树视为一个系统，那么人为的采摘与修剪就是一种将茶树营养器官自系统中移除的行为。要想让茶树的树势强壮，就必须保留一部分营养器官，并且补充土壤中因为采摘而减少的无机营养盐。

传统的半发酵茶区，很重视采摘成熟度与留叶标准，因而能在产量、质量与茶树经济年限之间取得一

① 茶树采收后的枝条上应留有成熟叶，才能为下一轮的生长奠定良好的基础。② 衰败的茶树植株矮小，大量开花，枝条稀疏甚至干枯，且萌芽数少，产量较低。

个良好的平衡。从健康的茶树上采摘形成驻芽的一心三叶或一心四叶，那么此轮长成的新梢尚留有一至三叶的成熟叶。未采摘的叶位成熟度高、光合作用率高，可制造大量的养分，储存于茶树的各个器官。这些养分一部分可促进根、茎的茁壮成长，一部分为下一轮新梢的萌芽生长提供能量。

　　采摘成熟度与留叶标准其实是相辅相成的。若采摘是以形成驻芽的大开面一心二叶——成熟度高的茶菁为主，留叶量也就相对更多。茶农在实际栽培时，为了顾及产量与合理的采摘面，采摘形成驻芽的小开面或中开面，留叶量至少在一至二叶以上，这是最佳的管理方式。留叶的叶基部上方存有"腋芽"，腋芽在成熟叶的养分供给下，一段时间后将会成为下一轮新梢的发育点，保证新梢长势良好，内含物质丰富。

　　除了适当留叶，合理补充土壤中因为供给茶树生长与采摘所消耗的无机盐及有机质，也是确保茶树可以有稳定收成的管理措施。除了植物生长所需的氮、磷、钾肥以及其他营养元素，适当补充土壤有机质，更有助于涵养土壤水分、无机盐，以及促进微生物降解。

　　不论是有机肥料还是无机肥料，不合理施肥是茶农常犯的错误。"有机"与"无机"被误解的情形，也不只发生在茶树的栽培上。政府批准的有机复合肥料，有许多是以有机质肥料混合无机盐肥料（俗称"化学肥料"）加工而成，这种肥料栽培出的农作物是否仍然有机，似乎无法下定论。而且就算使用的是有机肥，许多茶农还有使用豆粕类有机肥的误区。比如将榨油后的花生渣及黄豆渣等原料，如花生粕、黄豆粕、菜籽粕等直接施用在茶园土壤上，有时甚至将生黄豆直接施用。这种未经微生物腐熟的有机肥（俗称"生肥"），在田间发酵时产生不良的气体与高温，对茶树的根系发展有害，并不是理想的有机肥料。

理想的有机质肥料，不仅为茶树提供营养来源，更有助于土壤微生物的发展、健全根系，并增加无机盐的利用率。许多茶农为了追求产量，过量施用肥料或施用错误的肥料种类，这些都是高山茶园管理中很严重的问题。这不仅会造成环境污染与肥料利用率不佳，也会降低茶菁的质量，短时间内让土壤过度酸化及盐化，造成土壤微生物生态系统瓦解，茶树迅速衰败。茶农对于农业知识认知不足，导致施肥方式杂乱无章，听信卖肥料的人讲得天花乱坠。不知情的消费者，喝的是过度施肥的茶，也自然会对茶产生误解。

■看不见的生长激素陷阱

造成茶树留叶不足的原因有二，一是采摘成熟度偏低，二是错误的修剪策略。若是两者同时发生；简直是在茶树的伤口上撒盐。高山茶区因为年有效积温比低海拔丘陵地低，茶芽一年萌发的次数在2~4次。春茶采收以后需要适当地修剪茶树，以调节其他季节的采收时间，不同的气候条件有不同的操作要领。嫩采的茶树应减少采收次数，以"留养"取代留叶量的不足，让茶树恢复生机，延长茶树经济年限。

传统的采茶方式，除了有采摘成熟度的要求，更有"采七留三"的操作策略，也就是位于树冠下层的"腹内叶"不采净，保留三成的新梢不采以壮大茶树，所以茶树的树龄可以高达百年。这与现今普遍嫩采、采净与过度修剪的错误采茶方式有着天壤之别。

● 以集约方式经营的茶园，在冬季低温环境下，会通过营造高温环境催生茶芽，辅以肥料的施用与灌溉，增加产量与收益。但这样的经营方式对作物与土壤的长远发展可能有害。

有些茶农，不仅是过度嫩采，他们为了让下一季新芽萌芽时间点一致，将剩余不多的留叶一并修剪干净，让茶树的采摘面一致，并且大量施肥以促进下一季的萌芽。如此的嫩采及错误修剪方式使根系缺乏来自叶子光合作用的营养输入。在茶树的幼木期，茶树因本身的生命力旺盛依然会萌芽，但是经过一两年时间后，会因为根系长期缺乏来自叶子所制造的营养而衰败，土壤中的营养盐无法被根系吸收送达叶子，导致茶树的树龄仅5～7年，就已经进入衰老期，产量低落且质量差。幼木茶园茶苗栽种需要2～3年才能开始采摘，在产量刚开始要迈入高峰之时，因为错误的管理方式让茶树迅速衰老，这种情况下的茶农无力应对，也只能病急乱投医。

现如今，叶面施肥或过度使用生长激素（植物生长调节剂）这种错误的茶园管理方式开始风行。既然茶树不能由根系获取应该有的养分，那就从另一个方向着手。错误的修剪方式造成树冠缺少腋芽这一类的"定芽"，新的茶芽只能由已经纤维化的枝条萌发，这种有别于腋芽的芽点，称为"不定芽"。茶农为了增加产量，使用"催芽剂"，刺激茶树大量萌发不定芽。不定芽的新梢长势弱，且因为缺乏土壤中的营养盐，无法像正常新梢一样生长，容易形成对夹叶，叶面面积小，内含物质很不丰富。于是茶农又使用另一种生长激素，让叶面增大，叶肉却更薄弱，内含物质更加匮乏。这样的茶菁原料，就算有良好的天候与高明的制造技术也是枉然，这种茶树只能用病入膏肓来形容。更糟糕的是，过量使用各种植物生长调节剂所栽培制作出的茶，在农药残留检验报告书中是看不见的，消费者只能在不知情的状况下蒙受其害。

■被农药劣化后的土壤种不出好茶

农药使用有两大方向，一是抑制茶园中的杂草生长，一是防治茶树病虫害。按照现今惯例，杀菌剂、杀虫剂与杀草剂都是茶树栽培中经常使用的农药。不论是化学性农药或生物性农药，一定都会对茶园生态系统带来干扰，尤其是化学性农药，虽然对各种病虫害有较好的防治效果，却对生态环境以及人体健康有较大的负面影响。

杂草的防治，除了以化学杀草剂处理，其实还有很多其他可以取代的方式。物理性防治可以是人工拔除、机械砍除或覆盖塑料布，但缺点是耗费大量的人力。其实杂草存在并不是只会与茶树竞争养分与阳光。若能善用草的优点，以"草生栽培"取代物理性防治或农药防治，不仅能减少雨水对表面土层的冲刷，对茶园的水土保持有益，还可借由种植绿肥作物，利用它的根系根瘤菌固氮作用，免费为茶园土壤施用氮肥。草生栽培的覆盖作用，可以减少土壤水分的蒸发，维持土壤湿度，让土壤的温度变化比较缓和。植物残株还可以为土壤补充有机质，有利于土壤的物理化学与生物发展。杀草剂对杂草防治虽然又快又有效，但是缺乏上述种种优点，而且长期使用，茶园土壤的生态条件会严重恶化，对持续经营是一大危害。

近年来随着有机农业的推广，已渐渐发展出非农药防治的取代措施。现在的茶农习惯于使用化学农药，但使用的农药种类与时机，不仅关系防治成效，对消费者的食品安全更是影响巨大。只要茶农秉持正确的农药操作规范，在正常的气候条件下，茶叶的农药残留会降解至符合规定的残留浓度范围。但是我们必须了

① 在幼木茶园中以塑料布覆盖茶苗两侧走道，可减少杂草管理成本，同时减少土壤水分蒸发。② 粗放式的高山茶园经营，杂草成为田间水土保持的工具。

解"合法残留容许量"不代表"绝对的健康"，同样的观念也适用于其他农作物。

　　有机栽培不使用农药的精神令人敬佩，但实际操作上，要有相当大的决心、毅力与财力，以及对大地的爱心和适当的客观条件（无邻地污染），才能落实。利用病虫害的天敌及各种天然素材来防治病虫害已经取得了长足的进展，且微生物肥料的发展也不容小觑，甚至可望使土壤条件恶化的农地重新恢复生机。

　　所以，喝茶喝进的都是农药与肥料吗？喝茶是破坏生态吗？如果我们选择购买的是不肖茶农过度嫩采、耗尽地力制作出来的茶叶，的确是的。但我们也不要忽略那些与土地、茶树相依相生，按部就班制出饶有风味的好茶的茶农。支持这些默默耕耘的茶农，才是为台湾乌龙茶留下命脉的唯一方法。

品味不同季节的茶香

认识季节与茶叶品质的关联

随着不同季节的温度、风向、湿度以及日照程度的不同，茶菁内含有的物质也会有所不同。根据不同季节茶菁内含物质的不同，改变茶叶的制法，从而使各个季节都能做出不同风味的好茶汤。

喝茶的人常讲究喝冬茶或春茶，认为只有冬、春两季产的茶质量才高，于是有"春茶做香，冬茶做水"的说法，似乎其他季节的茶都不值一品。但是是否真的只有冬、春两季才有好茶？季节对茶叶的影响到底有多大呢？

地球绕着太阳运行，在不同时间点，太阳光的入射角度不同，日照长度也随之不同，因此产生了四季。季节的变化影响了气温、湿度、降雨、风向等气候因素。此外，也与茶园病虫害的好发时间相关，对茶菁的物质组成与产量有绝对的影响。所以，茶叶质量自然会随着季节的更替产生波动。

走访茶区，可以发现，茶农划分茶季还是依循农历节气而定的。过去，在缺乏肥培或灌溉的年代，一切都是看天吃饭。霜降时节，东北季风南下，北部茶区和高山茶区逐渐进入低温季节，中南部茶区则进入旱季，可以说这时是一年当中最后的茶叶收成季。不过，现今在人为介入下，寒冷的冬季，也就是平均气温较低的十二月和一月，也可见到茶农采茶制茶。

茶树在低温环境下生长速度缓慢，温度太低时甚至会停止生长。在台湾，茶树因品种的差异与生长地区年有效积温的不同，一年可采收的次数也不尽相同。四季春可忍受低温，在平均气温较高的低海拔茶区或纬度低的台东，一年可采收6～7次，全年几乎不休眠；而青心乌龙不耐寒，在高海拔的梨山茶区，一年只可采收2～3次。

Chapter 1　品种、产地、季节、栽培

清明 – 立夏　春茶
立夏 – 夏至　头水夏茶
夏至 – 大暑　二水夏茶
立秋 – 霜降　秋茶
立冬 – 大雪　冬茶
大雪 – 冬至　冬片茶
冬至 – 立春　晚冬茶
立春 – 清明　早春茶

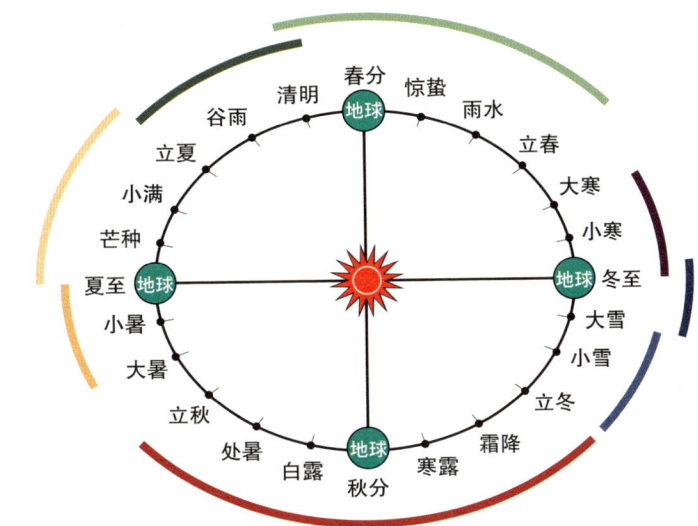

■ "春茶作香"的误用与误解

立春时节,各地气温逐渐开始回升。平均气温较高的茶区,茶芽率先萌动,之后随着各地茶区气温的回升,平均气温较低的北部茶区与高山茶区,茶芽也依序纷纷冒出头来。

冬季休眠期的茶树茶芽因低温而不萌发,叶子光合作用所生产的糖类因此大量累积于茶树体内,等到春季气温回升,茶树便大量萌芽,春季是一年当中茶叶量最丰盛的季节。春季,温度较低、日照较缓和、湿度相对较高,有利于茶树中氮的代谢,因此蛋白质与氨基酸类含量是一年之中相对最多的。但低温及短日照的生长条件,也抑制了茶树中碳的代谢,使得茶树中多酚类物质含量较少,香气物质的含量也较低。

春茶采收时,产区会依循气温回升早晚的顺序依次采摘。传统茶区在节气进入立夏之前,春茶的采收算是告一段落;但中部及北部海拔高度接近2000米的茶

① 春季的茶树在温度与水分充足的条件下,长势旺盛,节间长。② 冬季的低温使得茶芽生长缓慢,节间相对较短。

Chapter 1　品种、产地、季节、栽培

区，到此时才算真正进入了产季高峰，一直要到阴历五月底六月初，才算正式结束春茶产季。此时的节气已到芒种，低海拔茶区的头水夏茶已开始采摘制作。

"春茶作香"是茶区常听到的行话，从气候对茶树内含物质的影响来检视这个说法，的确有几分道理。春季，茶叶可溶物质中的氨基酸与糖类含量较高，苦涩的多酚类物质含量较少，茶汤相对甘甜。但是低温与短日照的生长环境，不利于香气物质的生成，对半发酵茶的生产制造而言，未必有利。因此春茶的制作，重点在于提升香气。

但是春天的气候不稳定，制茶时往往容易起雾、下雨，导致相对湿度较高，再加上气温低、日照微弱，不利于茶叶进行日光萎凋与室内萎凋，这使得半发酵茶的制作在春季面临着很严峻的挑战。虽然茶叶中甘甜物质的比例比其他季节高，但是由于经常缺乏适当的天候进行加工，制成的茶多半表现出太多苦涩，香气类型偏向菁味，整体刺激性较高。久而久之，这些茶在制作过程中未完整形成中高沸点香气物质，只留下低沸点香气物质，如此有制作缺失的茶，却被学艺不精的茶商认为有良好的香气表现，结果"春茶作香"一词就这么被误传误用，苦涩的茶汤也随之喝进了品茶者的胃，这实在是要不得。

■夏秋最适宜制作发酵度高的茶类

夏、秋茶在消费者眼里，往往质量较春、冬茶低劣，其实未必尽然。春茶采收后，节气到了立夏，气候较温暖的茶区，在小满或芒种这段时间，就可采收头水夏茶，在立秋之前，还可以采收第二次夏茶。长日照与高温的生长环境会促进茶叶内多酚类物质的合成，虽然净光合作用[①]产物累积量较少，氨基酸含量也不比春茶丰富，却有利于香气物质的合成。夏季的茶菁，如果制作得宜，反而能做出别具风味的茶汤。盛名满天下的白毫乌龙，质量最好的产季就属闷热的初夏。

---

① 净光合作用：植物的二氧化碳净固定量，等于总固定的二氧化碳量减呼吸消耗的二氧化碳量。

夏、秋茶制作时，因为苦涩的多酚类物质含量较高，若制成发酵度偏低的包种茶，则茶汤刺激性太强，不适合多饮；但若是制成发酵度较高的乌龙茶，不管是白毫乌龙或番庄乌龙，都有绝佳的香气与滋味表现。采收制造当天的天候条件是影响茶叶质量的很重要的因素。春季低温潮湿，不利于制造发酵度高的乌龙茶或红茶，而在温度较高的夏秋两季，无论是原料还是气候，都适合制造发酵度高的茶类。

■ "冬茶作水"的背后原因

茶农习惯将一年当中最后一次收成称为冬茶。在高山茶区，为了避开霜期，冬茶采收必须提早。以福寿山农场为例，冬茶在九月中旬前后就开始采收，此时节气尚在白露与秋分交替之际，严格说来还是秋天。如果修剪时间错误，则茶芽在还没到达一定的成熟度之前，就会因为低温而停止生长，产量骤减，对茶农来说是很大的损失。各个茶区，不论海拔高低，都得依照当地的气候特性调节冬茶采收时间，否则就会血本无归。

许多茶区的冬茶，虽然号称冬茶，但实际上生长期仍处于秋天。虽日照已经变短，但昼夜温差大，有利于香气物质的累积。当茶树面临低温逆境时，大分子糖类会水解为蔗糖，以增加细胞内溶液的浓度，并降低凝固点以避免低温伤害。若东北季风南下得早，低温除了对茶汤滋味有利，也有助于形成高雅的香气物质，从而使制作冬茶有了较好的茶菁原料。

冬茶往往有比春茶形成较好香气物质的自然条件，而且，随着气温降低与日照缩短，多酚类物质代谢趋缓，含量也较夏秋季减少，氨基酸含量也不如春茶与夏秋茶丰富。整体而言，冬茶的可溶物质减少，加上夜晚气温骤降，发酵作用难以启动，因此制作时着重于促进多酚类物质的发酵，以带动叶内蛋白质与糖类水解，增加可溶性氨基酸与糖类的含量，这也就是"冬茶作水"这一说法的由来（见表1）。

表 1　各季节茶叶内含物质比较

	香气物质	多酚类物质	氨基酸、糖类
春茶	较少	中等	较多
冬茶	较多	中等	较少
夏、秋茶	较少	较多	较少

　　包种茶与乌龙茶，在成品品质上各有特色，爱茶人也各有所好，无法直接评断孰优孰劣。不同季节的茶叶，因为气候条件的不同，茶叶内含物质的组成有所区别，适制性也不同。大自然巧妙地赋予了各个季节的茶叶不同的个性，并等待懂茶的制茶人欣赏其内涵，适性而制。如果一股脑地将每一季的茶都制作成同一个样子，那就可惜了各季节茶叶独特的内涵。喝茶的人若能领略其中奥妙，不但可以在各个节令买到物美价廉的好茶，更会令制茶人和茶树因遇知音而感动！

认识采收方式、成本与品质的关系

手采才会有好茶？

茶叶采摘最重要的是采摘时段,「午时菜」和「二午菜」采摘的茶菁含水量少,质量最高。

机采茶较人工采茶容易控制采摘时段,所以机采茶的质量不见得比手采茶差。

走入茶行、漫步茶区,是不是经常能看到"采茶揉茶全手工、少量、顶级"或"极品手采茶"这样的广告词呢?但好茶一定是手采茶吗?还是手采茶就一定好呢?机采茶的质量就一定不如手采茶吗?

其实手采茶与机采茶各有优缺点,也有各自的历史渊源。

早期农村劳动人口充足,所有的茶叶都以人工手采。在以外销为主的桃竹苗茶区,20世纪70年代开始实行机器采收作业。到了20世纪80年代,在以内销为主的名间茶区,农村人口外移以及家庭式代工工厂的出现,导致在茶叶采收季节人力短缺,于是改用机器采收来解决人工缺乏的问题。在名间茶区以人工采摘的年代,所制成的质量优良的茶叶,常被冠上冻顶乌龙茶的商标贩售,质量也不输冻顶茶。但当名间茶区开始以机器采收取代人工采收,虽解决了缺工问题,但因为配套措施不足,造成名间茶的茶价一落千丈。

● 剖心挽是指用拇指与食指指腹自茶叶上方正交向下,从叶子下方约0.5厘米的嫩梗处折断,反复采集数片茶菁,不会折损叶片,这是最为标准的手采方式。

Chapter 1 品种、产地、季节、栽培

■ 品质日渐提升的机采茶

人工手采可用肉眼判断茶芽的不同生长位置，所以，采到老叶或破碎叶片的比例较少；而机器不具备这个功能，采收的茶芽或长或短，茶菁成熟度的不一较手采茶菁的比例高。早期的茶树，在没有经过适当修剪的情况下以机器采收，采出来的原料参差不齐、质量不佳。后来随着耕作技术与采收技术的进步，通过机械筛选与拣枝，机采茶的质量大幅度提升。在名间茶区，机采茶茶菁质量超越手采茶者比比皆是。如今在坪林茶区，约有80%茶菁是以机器采收的。机采茶不仅质量上超越了手采茶，在批发及零售市场上的价格也胜过了手采茶。

台湾茶目前兼行手采与机采的茶区为名间乡，以生产一台斤（一台斤=0.6千克）毛茶所需负担的采茶成本来看，手采茶为每台斤170元新台币（约合人民币34.5元），机采茶（包含筛选与捡枝）为每台斤35元新台币（约合人民币7.1元）。台湾其他的手采茶区，依地区的不同，每生产一台斤毛茶所负担的采茶成本为200~300元新台币（合人民币40.6~60.9元）不等。倘若在农业劳动力充足

① 手采茶区因人力缺乏，为了追赶上采收期，常在雨天采茶制茶。雨天采茶对茶农而言成本增加，质量却又比晴天低，消费者喝了这样的茶也容易胃痛，最后导致全盘皆输。② 机器采茶的成本低，速度快，可以安排在最适合采摘茶叶的时段采茶。只要辅以正确的茶园管理及后期的拣梗作业，机采茶虽然不如手采茶外观那样完整，却可制作出更为物美价廉的茶品。

的情形下，手采茶的工作可以创造出许多就业机会，使许多家庭获得温饱。一个技术熟练的采茶工，从早上七点工作到下午三点，最多可赚进3000～4000元新台币（合人民币600～800元）的收入。乍看之下这样的收入十分优厚，但背后却包含相当多的辛酸，甚至有高山翻车的风险。且现在农村劳动力普遍不足，每到盛产茶叶的时期，采茶工人往往无法配合在采茶的最佳时段采茶。在半发酵茶的制造工序里，茶叶的采摘时段会影响成品的"高级率"，无法在最佳时段采茶，自然会影响茶叶制成后的品质。

■ "午时菜"与"二午菜"

根据茶树蒸散作用的特性，上午十一点至下午三点左右所采摘的鲜叶，茶菁含水量最低。茶农所称的"午时菜"指的就是上午十一点至下午一点所采摘的鲜叶原料；"二午菜"则是指"午时后第二次集菁"的鲜叶原料，以目前茶农集菁的管理方式来看，约为下午一点至三点。不论是"午时菜"或"二午菜"，含水量都相对较低，适宜制造高级品。当"午时菜"集菁后运送至工厂进行日光萎凋，此时日照仍较强烈，因此萎凋工序需小心谨慎，否则茶菁容易萎凋过度；

● 机采的茶叶叶底多为单叶或有破碎面（图左），手采的茶叶叶底多为枝叶相连（图右）。但是并不代表美观的叶底一定呈现美妙的香气滋味。

"二午菜"的晒菁时段，日照较为柔和，在操作上便有别于"午时菜"，易于掌握。高山区到了下午常常起雾，因此三点进厂的茶菁，常会因天公不作美而萎凋不足。

鲜叶离开树体后，失去了土壤的水分供应，其水分的变化便由日辐射强度、气温、相对湿度、风速等因素决定。日光萎凋又称"晒菁"，有句行话这么说，"看菁晒菁、看天晒菁"，因为不同的茶树品种、茶叶成熟度、气候条件均有相应的晒菁方式。在相对湿度大、云层厚、气温低、无风的条件下，叶片蒸散作用不旺盛，难以达到适当的萎凋程度。如何克服不佳的天候制茶，便考验着制茶人的智慧与耐心。在采茶人力不足的情况下，想要挑选鲜叶含水量较低的时段，同时以人工手采的方式采茶，在实务操作上的难度很高；在露水未干或雨天采茶，在高山茶区早已见怪不怪。

在台湾除了名间机采茶区外，其他茶区几乎都依赖人工采茶，加上中高海拔茶区几乎只栽培青心乌龙这单一品种，产地条件相似的地区春芽萌发与采收的时间重叠。春季为一年中茶产量最多的季节，在气候不稳定（多雨）、采茶工数量不足的情况下，春茶采摘成熟度往往不足，导致茶汤偏苦涩，香气也不高扬。

机采茶的每一台机器每小时可采收的茶菁数量，至少相当于100位经验丰富的采茶工。因为速度快，所以可选择在最佳时段采茶，制成高级品的概率就大增。如果使用机采，在产季高峰，可避免因采茶工人调度而错过制造半发酵茶所要求的最佳时机。还可避免在天气状况不佳的情况下制茶，大幅度提升茶叶质量，增加茶农的收入。

茶产业结构严重扭曲，依赖大量劳力的采茶工作供需失衡，是导致茶叶质量不升反降的因素之一。"强扭的瓜不甜"，这句话足以说明当今台湾的茶叶市场。人工手采的传统在新的时代背景下，需要辅以机器采收，这才是正本清源的方式。顺应机采的必然趋势，投入更多资源去研发改良机采设备，才是台湾茶产业的正面推动力，消费者也才能因此喝到更加物美价廉的好茶。

Chapter 2

手握、闻香、开汤、品尝

挑选好茶的方法

关于茶叶化学

从科学角度认识茶叶的香气与滋味

茶叶质量好坏的判断,长久以来都是以感官评比为主,但茶叶属于嗜好品,甜苦浓淡各有所好,其质量好坏不容易达成共识。茶叶化学看似是一门枯燥的学问,却与茶叶品质的形成有着绝对的关系。了解茶叶化学,才能真正客观、科学地评估茶叶的品质和风味。

茶叶的内含物质很多,影响茶汤滋味的有以下几种:多酚类物质、生物碱、蛋白质和氨基酸、糖类、香气物质、维生素和矿物质、茶皂苷。多酚类物质是茶汤苦涩味的来源,这种苦涩可在饮茶时诱发生津和回甘;生物碱具有苦味;蛋白质和氨基酸是鲜味、甘味和甜味的来源,并可与其他物质结合产生新的香气物质;糖类的功能则在缓和多酚类物质的苦涩味,并增进香气与滋味。

多酚类物质是茶汤苦涩味的来源,这种苦涩味可在饮茶时诱发生津和回甘;蛋白质和氨基酸是鲜味、甘味和甜味的来源,并可与其他物质结合产生新的香气物质;糖类的功能则在缓和多酚类物质的苦涩味,并增进香气与茶汤的浓稠甜香。

■茶汤苦涩味的来源——茶多酚

茶多酚是茶叶中最主要的化学成分,是茶叶滋味的主体。过去认为茶汤的苦涩味来自单宁(鞣质),后来证实茶内所含物质的化学结构更为复杂,与单宁不同,被称为缩合单宁。如今我们所说的茶单宁指的就是茶多酚(tea polyphenols),茶多酚又可分为黄烷醇类、黄酮类、花青素类等数类,其中黄烷醇类(即儿茶素类)占茶多酚总量的70%至80%,是滋味的主要来源之一,对茶叶品质影响很大。

儿茶素类物质包含儿茶素(catechin, C)、没食子儿茶素(gallocatechin, GC)、儿茶素没食子酸酯（catechin gallate，CG）、没食子儿茶素没食子酸酯（gallocatechin gallate，GCG）及其对应的异构物。其中儿茶素（C）、没食子儿茶素（GC）及其所对应的异构物称为简单儿茶素（游离型儿茶素、非酯型儿茶素），儿茶素没食子酸酯（CG）、没食子儿茶素没食子酸酯（GCG）及其所对应的异构物，则称为复杂儿茶素（酯型儿茶素）。

茶的苦涩味是来自茶多酚与口腔中蛋白质结合所产生的感觉。茶多酚中的儿茶素类物质有不同的味觉感受：简单儿茶素（包含C、EC、GC、EGC）不太苦涩且爽口，收敛性较弱；复杂儿茶素（包含CG、ECG、GCG、EGCG）苦涩味较重，收敛性也比较强。收敛性为茶汤入喉以后口腔内的刺激感，这种刺激感可能带来生津、回韵或存在于舌面的粗糙感。

茶叶加工中所谓的"发酵作用"说法，长久以来是一种误解。准确地说，在制茶过程中带动茶叶发生化学变化的并不是发酵，而是"酶促氧化"作用。茶叶中的酶（enzyme）属于蛋白质，在台湾称作酵素。在一定的温度、酸碱值及反应物质浓度下，它会带动茶叶中多酚类物质发生氧化还原反应，同时促进其他物质发生化学变化。这一系列复杂的生物化学反应，是形成茶叶质量的关键。

不发酵茶（绿茶与黄茶）的制作中，茶叶中的酶在短时间内被高温中止活性，抑制了发酵作用的进行，因此保留了大部分未氧化缩合的儿茶素类物质。而全发酵茶（红茶）的加工工艺中，茶叶内的大部分儿茶素类物质经发酵作用的推动，转化为茶黄素、茶红素及多种儿茶素氧化缩合物质，只保留少量未氧化的儿茶素类物质。半发酵茶（青茶）通过独特的制造工序，保留了一部分未氧化的儿茶素类物质，另一部分儿茶素类物质则借由复杂的氧化还原作用，形成不同于茶黄素与茶红素的聚合物。茶黄素、茶红素、茶褐素等茶叶发酵产物是构成茶汤色泽的主要来源，而这些发酵产物的颜色，能从字面上清楚分辨。

儿茶素类以外的多酚类物质，如黄酮类与花青素类，会在鲜叶中与糖类分子结合形成糖苷。黄酮类物质含量虽然比儿茶素类少，但是研究指出，只要极低浓度的黄酮类就会产生苦味及涩感。黄酮苷在制茶过程中若水解为黄酮及糖类，则甜度提升，苦味降低。花青素同样有苦味，并且其苷元水溶性比黄酮类高，此类物质在夏秋季含量较高，若发酵不足，过重的苦味对成茶品质来说不是一项有利因素。

■刺激中枢神经兴奋的生物碱

咖啡碱（即咖啡因）、可可碱和茶碱是茶叶中主要的生物碱。其中咖啡碱含量最高，占茶叶干重的2%～4%；其次为可可碱，约占0.05%；再次为茶碱，约占0.002%。茶碱属于生物碱的一种，是植物体内的含氮化合物，具有复杂的组成与生理作用，自古以来便被作为药用。

在制茶过程中，高温杀菁工序的有无会影响咖啡碱的含量。经由适当加热，咖啡碱在120℃时可以升华，在180℃时会大量升华。

咖啡碱是一种中枢神经刺激物，适量摄取有提神及缓解疲劳的作用，也可舒缓头痛症状，过度摄取会对身体产生不良影响。茶碱在茶叶中的含量约为咖啡碱的千分之一，医学上被用于呼吸系统疾病的治疗。许多媒体宣称茶叶中的茶碱是造成胃部不适的元凶，其实有待商榷，一来茶碱在茶叶中的含量极低，二来目前的科学研究成果尚不能证实茶碱对消化系统确实有影响。

根据国外对咖啡引起胃酸分泌的临床研究资料，咖啡碱引起人体肠胃不适的程度和大众所认知的并不相同。饮用咖啡所造成的肠胃不适，可能是因为咖啡中的其他物质，而非咖啡碱造成的。但本身已患有消化道溃疡的人，可能会因为摄取咖啡碱而增加胃酸分泌，使病情加重。

以相同重量的咖啡与茶叶做比较，茶叶中的咖啡碱含量并不一定比咖啡少，但冲泡一杯咖啡所使用的咖啡豆的重量一定比冲泡一杯茶要高很多，所以喝咖啡会有影响睡眠的可能，而茶叶对睡眠的影响则较小。因为喝茶而影响睡眠的人，可以选择烘焙程度较高的茶叶，在烘焙的过程中，茶叶中的咖啡碱会随着温度的提高而逸散于空气之中。

■茶汤甘甜滋味的来源——蛋白质与氨基酸

茶叶中的氨基酸以两种不同的形式存在，一种是构成茶叶内蛋白质的氨基酸分子，另一种为存在于茶树体内的游离态氨基酸。茶叶干物重中约有7%游离氨基酸，占茶汤所有可溶性物质的15%左右；蛋白质占茶叶干物重的20%左右，绝大部分不溶于水，只有少部分的蛋白质不会因为制茶过程中加热的作用而凝固，对茶汤滋味有些许贡献。

目前发现茶叶中可溶解的游离态氨基酸共26种，许多氨基酸具有鲜、甘、甜的滋味，并且在制茶过程中可转变为香气物质。茶氨酸（theanine）占游离态氨基酸总量的50%～70%，是影响茶叶品质的重要元素。

不溶于水的蛋白质，一部分可在制造过程中分解为游离氨基酸，进而与其他物质合成新的香气物质，对茶汤滋味与香气有影响。茶叶中的酶也是蛋白质，虽然它本身不溶于水，但是茶叶的发酵作用不能没有酶的参与。

茶氨酸具有焦糖的香气及味精的鲜爽，有助于提升茶汤的滋味表现。报道指出茶氨酸有助于舒缓神经紧张及提升注意力，还有部分研究认为氨基酸有中和咖啡因导致中枢神经兴奋的作用。在从事茶业数十年的经验里，我也发现滋味甘甜且苦涩度低的茶，不容易影响睡眠。通过研究茶树合成茶氨酸的机制，目前市面上已经出现了由人工合成的茶氨酸衍生商品。

■使茶汤更加浓稠甜香的糖类

茶叶中的糖类以不同的形式存在，可溶性的糖类是茶汤甜味及香气的来源，对茶汤中多酚类物质所产生的苦涩味可起到中和作用，含量越高，滋味越甘甜。茶叶中大部分的糖类为多糖，若制造工艺发挥得当，部分多糖可以降解为可溶性的糖类及果胶物质，增加茶汤的甜味。其中可溶性果胶物质可以增加茶汤浓稠度。

糖类是人类重要的营养来源，从各种谷物中均可获得。茶叶中糖类的主要功能为增进茶汤香气与滋味，缓和多酚类物质的苦味及涩味。脂多糖是一种大分子糖类化合物，据研究其对身体健康有益；然而，除非将茶叶吃进肚子，否则这样的成分是无法借由冲泡而溶解于茶汤中的。

■形成茶汤香气的重要成分——香气物质

茶叶内的香气物质只占茶叶物质组成不到0.1%的比例，重要性却一点都不输给含量高的多酚类物质。香气来源的一部分为鲜叶中原有的挥发性化合物，一部分则来自类胡萝卜素、萜烯类、糖类、氨基酸等加工鲜叶之后形成的物质。

■参与茶汤滋味形成的维生素与矿物质

茶叶中含有各种维生素，但大部分都不溶于水，如维生素A、D、E、K，这些脂溶性的维生素以一般的茶叶冲泡方式是无法摄取到的。茶叶中可溶的维生素种类为水溶性的维生素B族及维生素C。缺乏维生素C容易引发坏血病，维生素B族对人体更是有着多元的保健效果，这些的确可借由饮用茶汤而摄取，但茶汤中还有其他具有刺激性的物质，如咖啡碱与多酚类物质，在饮用茶汤时会与维生素同时被人体吸收，所以过量饮茶还是有可能对人体产生负面影响。由于制造工艺的不同，等量的绿茶与红茶茶干，绿茶所含的维生素C较红茶高，但维生素C会随着时间而氧化从而失去营养价值，因此绿茶的品饮比其他茶类更讲求新鲜。

茶叶中含有的钾、钠、镁、铁、钙、锰等金属元素，都是人体必需的矿物质。特别是茶叶中所含有的氟与骨骼及牙齿的关系密切。有研究认为茶叶中的硒有抗癌、抗衰老、保护免疫系统等作用。茶叶中的矿物质元素与茶园的土壤母质有关，《茶经》中说"上者生烂石，中者生砾壤，下者生黄土"，部分原因就是土壤中的矿物质种类及含量多寡对所产出的茶汤滋味有很大的影响。对发酵茶类而言，矿物质扮演着辅助的角色，参与各种对茶叶品质形成有影响的生物化学反应。

■可刺激喉头生津的茶皂苷

茶皂苷又称皂素，是结构复杂的糖苷类化合物，1931年由日本学者从茶树种子中分离出来。而后随着分析技术的进步，还一直有不同的茶皂苷被发现。广义来说，茶花皂苷（floratheasaponin）也可归类为茶皂苷的一种。皂苷难溶于冷水，可稍溶于温水，味苦而辛辣，对咽喉有刺激性，起泡性强。传统医学中使用的人参、五加、党参、白头翁、三七等植物中均有皂苷。

有文献指出茶皂苷有抗菌、抗癌、抗高血压、抗氧化、抑制酒精吸收、保护胃肠及驱虫等作用。不过，茶皂苷并未正式使用在医疗用途上，无论是美国或欧盟地区都尚无相关的规范。在巨大的商业利益推动下所宣传的广告内容，多半基于非常基础的生化实验阶段结果或是刻意忽略实验中的其他研究结果所最终建构起的不完整信息。

■随茶叶成熟度不同而变化的物质组成成分

茶叶内含有的各种化学物质，相互合作形成茶汤丰富多元的滋味。但要注意的是，茶叶内含有的各项物质除了随品种、产地有所不同外，也会随着成熟度而发生变化。不同的茶类，有各自对应的采摘成熟度，应该采摘不同的新梢部位。以铁观音茶树新梢的内含物质为例，较苦涩的多酚类物质以及氨基酸与咖啡碱会随着成熟度提高而减少，而香气物质（包含类胡萝卜素、β胡萝卜素）则会随成熟度提高而增加，糖类随成熟度增加更是大幅度地增加（见表1）。观察茶叶化学成分的组成，我们才能清楚掌握采摘成熟度在不同茶类制造中所代表的意义。

表1　青茶（铁观音）鲜叶不同叶位的主要化学成分（%）

项目	第一叶	第二叶	第三叶	第四叶	第一、三叶增减率
多酚类物质	22.6	18.30	16.23	14.65	−28
儿茶素	14.74	12.43	12.00	10.50	−18
氨基酸	3.11	2.92	2.34	1.95	−24
茶氨酸	1.83	1.52	1.20	1.10	−34
咖啡碱	3.78	3.64	3.19	2.62	−15
类胡萝卜素	0.026	0.036	0.041	--	+57
β胡萝卜素	0.00624	0.00672	0.00802	0.1086	+28
醚浸出物	6.98	7.90	11.35	11.43	+62
还原糖	0.46	1.34	2.39	2.56	+419

资料来源：《茶业化学》，中国科学技术大学出版社

在茶叶研究的科学成果愈来愈多之后，我们对茶叶的本质也有了更深入的认识。半发酵茶的制造工艺是所有茶类加工方式中最晚形成的一种，制作工序也比其他茶类复杂，其姿态千变万化，更为人津津乐道，令人感叹茶叶学问的高深。

通过茶叶化学的发展，我们才能逐渐理清各种香气与滋味的形成机制。虽然普遍认为茶叶的发源地为中国，但是经过对茶叶科学进行深入的探究，从20世纪60年代英国学者E.A.霍顿·罗伯茨（E.A.Houghton Roberts）针对发酵进行研究，到近年来对茶叶发酵研究贡献卓越的日本学者Takashi Tanaka，重要的研究成果都是来自外国学者。台湾人以半发酵茶制造工艺为傲，对茶叶科学的基本教育付之阙如，而在茶道美学、哲学方面大作文章，是本末倒置的行为。

寻找喜好香型的四个线索

茶香哪里来？

爱茶人「找茶」,第一步要先确定自己喜爱的香型,这可以由品种香、产地香、季节香与工艺香这四个线索来判断。

喝茶不外是品味茶汤的色、香、味,茶香是判断茶的品质好坏的重要标准,但我们在品茶的同时,却很少想过:茶的香味有哪些组合?如何客观地分析它?茶叶的制作过程中,有哪些步骤会对茶最后的香气产生决定性的影响?茶叶的香气物质含量虽只占茶干重量的0.01%~0.05%,却与茶叶的质量优劣有很大的关系。有些茶初闻时香气四溢,却旋即消失;有些茶乍闻之下没有明显的香气,入口后的香气却直冲脑门,余韵不绝。茶叶香气物质的组成,与茶树的品种差异、产地特性、季节气候与制造方式息息相关。香气类型的喜好因人而异,而各种香气的形成有其脉络可寻,一般行家会以品种香、产地香、季节香与工艺香四个线索,来找到自己喜欢的香型,或由此扩展自己品茶的范围。

■线索一:品种香

茶树的叶片组织中,栅状组织比海绵组织有更多的香气物质,而一般中小叶种茶树比大叶种茶树的栅状组织厚,所以香气物质的含量高,多被用来制作不发酵茶或半发酵茶。大叶种茶树虽然本身的香气物质比较少,但通过制造工艺可形成怡人的香气,多半被用来制作全发酵茶或半发酵茶。

不同品种的茶树各有其不同的品种香,在半发酵茶的各个产区,都已各自发展出主要的栽培品种且各有特色。台湾主要是以青心乌龙、金萱、翠玉、四季春等品种最为流行;闽北地区则以大红袍、铁罗汉、水金龟、白鸡冠、半天腰、肉桂、水仙等品种著名；闽南地区常见的品种为铁观音、黄金桂、毛蟹、本山、佛手、水仙等。各品种有其独特的"品种香"：比如青心乌龙，北部茶区以"种仔旗"、中南部茶区以"乌龙旗"形容其特殊的品种香气；著名的品种铁观音以"观音韵"、"音韵"或"观音"来形容其品种香。品种香难以用明确的文字来描述，同时试喝不同品种的茶汤，细心比较差异，才是最好的学习方法。

■线索二：产地香

同样的茶树品种，种植在不同的地区，因为日光辐射强弱、日照时间长短、茶园方位朝向、气温高低、降雨量多寡、土壤物理化学性质、施肥种类与周遭生态环境等不同的因素，会产生截然不同的产地香气。

一般认为在海拔较高或纬度较高的茶区，因为气候等先天生态条件有利于茶树的香气物质代谢累积，或新开发的土地可能有较丰富的矿物质含量，所以高山

● 山区的气候特性与地理环境优异，若辅以良好的茶园管理措施，能够发挥茶叶内含物质丰富的优势，制作出香气宜人的茶。但若是将高山茶的菁气认定为茶香，则与半发酵茶应有的欣赏方式大相径庭。

茶区普遍被认为是优质的茶树栽培地区。但在先天生态条件较为一般的地区，若有良好的茶园管理策略，也可以生产出含有良好香气物质的茶菁。

茶叶的香气物质，是在茶树新梢累积一定的光合作用产物后，光合作用的速率大于呼吸作用时，开始大量形成。但目前大多数的茶园为了追求茶汤中可溶性的氨基酸含量与单位面积产量大量施用肥料，使得茶树的氮代谢过于旺盛，加上采摘的成熟度偏低，碳代谢产物累积量少，结果造成茶叶中的香气物质含量偏低，泡出来的茶汤普遍缺乏香气。

茶树栽培方式与采摘成熟度决定了茶菁内含香气物质的多少和种类，是茶叶香气形成的基础。拿半发酵茶来说，成熟叶片内含量丰富的香气物质前体在制造过程中产生出新的香气物质及滋味，这才是半发酵茶与绿茶最大的不同点，也是半发酵茶重要的香气来源。因此，与其一味地购买高海拔地区茶园的茶，不如购买管理好的优良茶园产的茶。如此，既鼓励优秀的茶农，又能保障茶叶的质量。

■线索三：季节香

单一产地的单一品种，随季节气候的变化，内含的香气成分也会不同。即便是邻近的茶园，在相同的季节，也会因为茶园的坡向差异而有不同的香气表现。在较为潮湿且日照短的春季，香气较为清新优雅；而在干燥的秋冬季节，香气高扬，俗称"秋香"。春冬两季的茶，适合制造包种茶；夏季的高温生长环境，赋予茶叶特殊的暑味，虽不比春冬两季的香气细致优雅，但若制作成红茶或乌龙茶，会表现出优良的香气。若想确切感受何为季节香，可挑选单一产地单一品种的不同季节的茶叶，通过比较香气的差异，便能实际体会。

■线索四：工艺香

制造加工是决定茶叶香气优劣的最重要的因素，而采制当天的天候则是能否制造高级品的先决条件。茶叶的成熟度、茶叶采摘时段、制茶工厂空间大小与茶菁采摘量的比例、制茶人的操作方式，这些都是决定香气优劣的后天因素。天候的变化非人力能完全掌控，然而随时顺应天候调整采摘时间、采摘量和细部制造流程是确保香气质量的关键。

茶菁的成熟度决定了茶叶香气的种类与含量。不发酵茶以采摘嫩芽或带芽嫩叶为原料制作高级品，所以茶菁成熟度低，含有的香气物质种类与含量少。半发酵茶中的包种、乌龙、铁观音茶以采摘形成驻芽的成熟对口叶为原料，香气物质的种类与含量多。半发酵茶中的白毫乌龙茶原料是遭小绿叶蝉吸食后的细嫩茶菁，香气种类与总量虽少，但具有因为虫害而产生的特殊蜒仔气，在半发酵茶中独具一格。全发酵茶以芽或带芽嫩叶为原料，伴随着发酵作用而形成大量的香气。

不同的制造流程所形成的香气也各有特色：不发酵茶类采摘鲜叶后迅速借由高温杀菁固定品质，表现出清新的香气，其香气质量优劣取决于鲜叶中含有的物质与杀菁工艺；全发酵茶通过萎凋、揉捻与发酵等步骤，形成有别于绿茶的沉稳香气，最终以高温干燥降低含水量至一定程度来稳定品质；而半发酵茶的制作融合了不发酵茶与全发酵茶的制造工艺，透过萎凋、搅拌、静置发酵、炒菁、揉捻与干燥等步骤，形成了丰富且多元的香气。半发酵茶香气形成的过程有许多阶段，从采摘开始就会对香气形成产生影响，如在一天当中不同的时段采茶，由于水分含量多少的差异，制造出的茶叶香气也会不同。半发酵茶的采制，清晨带露水的茶菁，易带有"露水菁"，香气不扬；中午时段采摘的茶菁，含水量少，"午菜味"明显，容易制造出怡人且高扬的香气；下午以后日照渐弱，茶菁水分含量较中午时段增加，如果在此时采摘，常有因日照减弱萎凋不足而产生的"暗菜菁"，香气不好。手采茶区常因为劳动力调控困难，无法集中在理想的采收时段采茶，香气质量会因大量的早菁与晚菁而下降。

采收回来的茶菁，在摊凉后，首先要进行日光萎凋。萎凋的过程除了会让鲜叶的含水量减少，大分子的香气物质也在此时借由太阳光的热和叶内的酶作用，逐渐分解为小分子的香气物质，为后续发酵阶段的香气合成提供足够的先质，低沸点的菁臭气也在此时同时挥发。空气中的湿度偏高、气温偏低、通风不良、萎凋场地过小或茶菁采收量过多都会增加萎凋的难度，这些现象普遍发生于高山茶区。当萎凋不足，就无法充分完成后续加工过程的香气转化。虽然也可加温进行萎凋，但加温萎凋只是在气候状况不理想的情况下，以机械设备改善空气的流动性、温度及湿度等影响萎凋进行的环境条件，无法达到日光萎凋的效果。日光除了可以提升茶菁的温度，通过热对流促进"走水"外，还可以提供给萎凋叶另一种能量来源，有利于香气物质的转化。加温萎凋仅能以热对流方式促进茶菁走水，缺少促进香气形成的辐射能，制成的茶叶香气表现不如日光萎凋。

"日光萎凋"是制作半发酵茶的关键，就好比开车上路，首先要启动引擎，当引擎启动了，后续的入挡、放刹车及踩油门才有意义。萎凋工序掌握得当，不代表一定能制出好茶，但绝对是制作好茶不可忽视的关键。一旦引擎发动了，还要依照路况的不同，小心且大胆地往前开，中途可能遇到路况不佳或不守规则的车辆与行人，要耐心地排除这些变量，才能顺利抵达终点。

● 日光萎凋是决定半发酵茶香气高低与优劣的重要工序，清香与菁气往往只有一墙之隔，掌握日光萎凋的技巧是关键。

"室内静置与搅拌"是形成香气的第二道关卡。静置的目的类似日光萎凋，不过是在一个相对低温的环境下持续让水分缓慢蒸散，以促进大分子香气物质的分解。"搅拌"让茶菁的水分重新分布，为下一次的静置走水做准备。搅拌会让叶肉细胞含水量增加，酶的活性被抑制，以免在香气物质含量尚低的情况下提早进行发酵。在静置与搅拌的交替过程中，茶菁的水分减少到一定的程度，香气物质的前体在这个过程中大量形成与累积，为接下来的"大浪"与静置发酵奠定良好的基础。

"大浪"就是程度较重的搅拌。重度的搅拌让茶菁发生剧烈的物理性破坏，使叶内物质与酶充分接触，并且使氧气得以进入组织细胞中，一同参与后续的"静置发酵"。如果在前面阶段的萎凋程度不足，大浪时就会因为缺乏足够的香气物质前体，从而无法在堆菁发酵时促进香气大量合成。茶叶的发酵虽然是以儿茶素类物质的氧化作为指标的，但是在发酵过程中，一系列的生物化学反应伴随着儿茶素类发酵而进行，香气物质也在此时同时转化，使低沸点的香气物质前体大量合成为中、高沸点的香气物质。

大浪之后是"静置发酵"。当静置发酵完成，利用高温"杀菁"除去残余的低沸点青草气，促进中、高沸点的香气物质形成。这个过程中包含了各种香气物质的裂解、酯化和异构化等化学作用，香气的种类与优劣也决定于此刻。

条形的半发酵茶经过揉捻及干燥后即为毛茶，比起需要再经由团揉整型的半球形或球形半发酵茶来说有较好的香气（aroma）。原因在于团揉过程中，香气物质在热、压力及空气的作用下挥发，进一步形成沸点较高的香气物质，即茶叶的香味（flavor）。①

● 球形茶经历"团揉"工序，在团揉过程中低沸点的香气物质得到转化，因此"香气"表现不如条形茶来得高扬，而是比较内敛，茶汤滋味则较为醇和，有较好的"香味"。

---

① Aroma是直接由鼻子闻到的香气，而flavor是指进入口腔后，在口中与鼻腔形成的香味。香气是指鼻前嗅觉或直接嗅觉，香味则指的是鼻后嗅觉或间接嗅觉。

半发酵茶产生良好的香气与香味的过程，受以上种种因素影响，错综复杂且变化多端，所以它的风味才会如此迷人又难以理解。

不过一般市场上常常把"菁气"当作"清香"，这实在是一个误解。采下的茶菁若直接杀菁，热水冲泡后会有扑鼻的青草香，但若通过半发酵茶的漫长的制造流程，原本低沸点的香气物质会因加工而转化，热水冲泡后不会随着水蒸气挥发至空气中，而是通过"直接嗅觉"（orthonasal olfactory，或称"鼻前嗅觉"）传达到我们的大脑，没有了扑鼻的香气。市场上，许多生产者、销售商或消费者，误认为"菁气"代表的是高山产区应有的特色，但是从茶叶制造的观点来看，这其实是加工技术不当所导致的。

带菁气的茶汤必然苦涩，损害茶汤的品质。若是制造技术掌握得当，菁气大量挥发或转化，怡人的花果香就会大量合成。茶汤入口时，"间接嗅觉"（retronasal olfactory，或称"鼻后嗅觉"）使我们感受到强烈的香味，喝完后齿颊留香。当茶汤饮尽，就连杯底都会持续散发出香气，待杯子冷了，香气仍紧紧依附在杯壁上。甚至到第二天，杯子上方仍持续飘荡着清香。

● 阴雨天或晚菁因为缺乏日光，往往以机械热风萎凋取代日光萎凋。热风萎凋虽可促进茶菁的水分蒸散，但因缺乏太阳辐射作用，部分内含物质无法完全转化，难以制造出高级品。

苦涩哪里来？
化苦涩为醇和的四个关键

茶叶的苦涩来自茶菁中的多酚类物质，不同产区、品种、季节的茶菁多酚类物质含量不同，但可以借助良好的制作过程，将苦涩转化为醇和。制作不良的茶汤，苦涩是典型的表现。

"儿茶素"是一种多酚类物质，是构成茶叶滋味的主要物质；而茶叶中多酚类物质的氧化还原反应，则是形成茶叶品质的关键。茶的苦涩味主要来自儿茶素与口腔中蛋白质结合所产生的感觉。儿茶素又可区分为"简单儿茶素"与"复杂儿茶素"两大类。简单儿茶素味觉收敛性较弱，较不苦涩且爽口；复杂儿茶素味觉收敛性强，较为苦涩（见表1）。

表1　不同儿茶素的苦涩差异比较

简单儿茶素 （游离儿茶素）	复杂儿茶素 （酯型儿茶素）
较爽口而不苦、收敛性较弱	较苦、收敛性较强
成熟叶含量较高	嫩芽叶含量较高

◎影响茶叶苦涩程度的因素主要是茶树品种特性、产地自然环境、采摘标准及制造工艺

■品种不同，引起苦涩味的多酚类物质含量就不同

大叶种茶树叶子中的栅状组织与海绵组织比例约为1:2，小叶种约为1:1。栅状组织中主要含有叶绿素与类酯类等香气物质，而海绵组织中含有大量的多酚类物质。大叶种茶树叶子的海绵组织较为发达，引起苦涩味的多酚类物质含量比小叶种茶树高，因此大叶种茶树一般适合制造发酵度高的红茶，大量的多酚类物质可借由酶促氧化作用（发酵）增进多酚类物质的氧化聚合，降低苦涩感。小叶种茶树有较丰富的香气物质与叶绿素，

适合制造不发酵的绿茶或半发酵的青茶。

■产地自然环境会影响多酚类物质的代谢合成

茶叶嫩芽叶中的多酚类物质含量随四季而变化，大致上春季含量最低，夏季最高。这种有规律的现象，主要随气温、降雨量、日照强度、湿度、茶园座向等自然环境因素而变化。夏季高温与长日照的环境，有利于多酚类物质代谢合成，茶菁中多酚类物质含量较多，因此在夏季或低海拔地区采摘的茶菁，越是重发酵工艺制造，其茶汤便越不会苦涩。茶园座向、湿度高低、阴凉多少等因素也同样会影响茶树的温度与日照强度，影响多酚类物质的含量。高海拔或纬度较高地区气温较低，或因多云雾环境使日照强度减弱，所以茶树呼吸作用较慢，从而使得多酚类物质合成速率较慢，因此多酚类物质含量较少。

● 已形成驻芽的成熟叶（图左）与尚未形成驻芽的嫩芽叶（图右）中，复杂形儿茶素与简单形儿茶素的组成比例不同。茶汤苦涩程度的高低与茶菁成熟度相关，制作甘醇的半发酵茶类，首重应采摘形成驻芽的开面叶，未形成驻芽的原料虽然也可以用来制茶，但制作后茶汤滋味远不及已形成驻芽的开面叶。

■ 采摘标准不同，茶汤的苦涩度就不同

绿茶采摘以嫩芽叶为标准，越高级的绿茶采摘越精细，比如著名的碧螺春，就只采如谷粒般大小的粟粒芽。茶的嫩叶中儿茶素的含量较高，而不发酵的绿茶又保留了嫩芽叶中大量的儿茶素类物质，特别是滋味较为苦涩的复杂儿茶素，因此冲泡绿茶的要领在于少量投叶并且用较低的水温冲泡。

半发酵茶以已形成"驻芽"、成熟的"对口"一心二叶或一心三叶为最佳原料，其中含有较多的糖类与香气物质，较少的苦涩的复杂儿茶素，经由适度地萎凋、搅拌、发酵及炒菁等工序，茶汤苦涩味降得更低，转为浓稠而甘甜。若采摘成熟度不足的鲜叶，或制造工艺掌握不当，制作出的茶汤苦涩度就会高。就算制作良好，成熟度不足的鲜叶收敛性也不如成熟叶来得细致。

■ 制造工艺是转化苦涩为醇和的关键

鲜叶中不可溶的大分子糖类物质分解为可溶性小分子糖类，不可溶的蛋白质分子分解为可溶性氨基酸以及特殊的品种香气，都是借着半发酵茶特有的制造工序才得以实现的。氨基酸与糖类的甘甜可以缓和茶叶中的苦涩，为茶汤带来更为醇和的滋味。不过，目前市场上流行向绿茶风味靠拢的轻发酵乌龙茶，使得茶菁原料采摘标准转为带嫩芽的一心二叶或一心三叶，虽然采摘成熟度比绿茶高，但发酵程度偏低的制造工序相对保留了大部分没有转化的儿茶素，加上冲泡时大量投叶及滚水冲泡，在大量饮用的情况之下，很容易造成胃肠不适。

半发酵茶类中的白毫乌龙（东方美人茶），虽以较嫩的茶菁原料制造，但其特殊的重萎凋、重发酵制程，大大降低了茶叶的苦涩味；全发酵的红茶虽也以嫩芽叶为原料，但经萎凋、揉捻、发酵及干燥后，大量的儿茶素类物质氧化聚合为茶黄素及茶红素，使苦涩味降低，构成红茶茶汤浓郁、鲜爽甘醇的特色。如红茶带有青草味，表示发酵不完整，仍会有较强的苦涩味，是制作不良的表现。

一心二叶的迷思

半发酵茶的采摘成熟度要求

不同茶类要求的茶菁成熟度不同，不发酵的绿茶需要的是「小心小叶」，全发酵红茶是以「大心小叶」为标准。半发酵茶类中的包种茶、乌龙茶等无论是采摘「一心四叶」或「一心二叶」，凡是最成熟的一叶尚未过度纤维化，均在制作半发酵茶的适当成熟度内。

绿茶、红茶、半发酵茶（乌龙、包种、白毫乌龙等），因为制成茶类的不同，茶叶的制造方式不一样，因此对于茶菁原料的要求也就各异。但现在的市场上却出现了任何茶类均标榜"一心二叶"的名号，让一般消费者认为，采摘的茶菁就该是一心二叶，其实，这是一种极大的误解。

绿茶要求的一心二叶是以"小心小叶"为上品，绿茶芽头愈小，商品价值愈高，甚至要求只采摘初萌发的芽头，只见芽心不见叶。北宋苏轼《咏茶》里有句"武夷溪边粟粒芽"，这里所指的"粟"，即是小米，形容要采摘如小米般大小的芽头做茶菁原料。这或许是文人骚客夸张的笔法，但其要求的原料细嫩度是现今台湾茶难以企及的。目前大陆多数绿茶产区，都是采摘初萌的幼嫩芽尖，如杭州龙井、太湖碧螺春。台湾的三峡碧螺春，则是选取初萌的一心二叶。

高级红茶也要求一心二叶，因为用于制作红茶的大叶种芽头较大，即以"大心小叶"为标准。相对于小叶种茶树，大叶种的一心二叶外观看来较为粗大，但采摘上仍是以幼嫩芽叶作为原料，如此才能制作出条索乌黑紧结，油亮并带有毫毛的高级红茶成品。

半发酵茶类中的包种茶、乌龙茶、铁观音的采茶标准为从形成驻芽的"小开面"采摘"一心三叶"或"一心四叶"，或从形成驻芽的"中开面"采摘"一心三叶"，或从形成驻芽的"大开面"采摘"一心二叶"。凡是符合这些条件，且最成熟的一叶尚未过度纤维化，均在制作半发酵茶的适当成熟度内。这里所谓的"一

① 同一棵茶树上不同着生位置上的茶芽生长速度不一，实务操作上无法要求每一片茶芽的成熟度相同，因此当一定比例的新梢形成驻芽时便可以采摘。② 白毫乌龙以极为细嫩的著蜒—芽二叶为最高级的原料，肥壮的嫩芽所制成的茶干白毫显露，是青茶类中的特例。

心"说的是生长序停止后形成的细小"驻芽"。此时，驻芽不会再展新叶，而叶面积会增大，叶肉会增厚，糖类、香气物质大量地合成累积，这样的原料最适合制造半发酵茶类。

■成熟的茶菁才做得出高级品

小开面，是指新梢顶端第一叶的面积约为第二叶的二分之一；中开面，是指新梢顶端第一叶的面积约为第二叶的三分之二；大开面，是指新梢顶端第一叶的面积约等于第二叶的面积。

在正规的半发酵茶制造工序中，采摘开面的茶菁是最基本的要求。在中国茶叶泰斗张天福所著的《福建乌龙茶》一书中提到："凡是驻芽二三叶的新梢，不论是小开面、中开面或大开面统称为合格茶菁"。细嫩的芽叶，心芽肥壮，叶面面积小且叶肉较薄，这样的一心二叶或一心三叶，是制造绿茶或红茶合格的原料，却是制造半发酵茶的"不合格茶菁"。

那么最适制半发酵茶的茶菁应该在什么时机采摘呢？由于茶芽的发育有不一致性，若等到茶园中所有新梢均形成驻芽才开始采摘，会因为采摘工作常需耗费数日的情况，到后期茶菁过于粗老。有鉴于此，在实务管理上应尽量提早采摘。原则上若有80%的茶菁为合格茶菁，且其中有80%为小开面至中开面茶菁，这样制造高级品的概率就会大增。这种情况下的适当嫩采，有助于缓解因人力不足及气候不稳定所面临的压力。

不过，在整个台湾茶产业的产制观念皆已扭曲走样的情况下，半发酵茶最适制的"开面采"不被茶贩接受，反被认定是已经粗老的茶菁，还要求茶农采摘乌龙产制操作规范中规定的不合格茶菁，想来真令人心寒。

对一心二叶的错误认知戕害茶树的生长与消费者的胃。对茶农而言，在过度嫩采的操作下，单位面积的产量会急遽下降。据统计，小开面采摘会比中开面采摘减少约20%的产量，且若采摘过嫩的茶菁，对茶农而言损失更是巨大。在过度嫩采的情形下，茶农为了获利而大量使用肥料，甚至是施用不该使用的激素（植物生长调节剂）以提高单位面积产量。这种重量不重质的栽培方式，最终受害的除了消费者，还有茶农自己。

茶树的树势若强健，在一轮生长序中，直到形成驻芽，大约可长出6～7叶，甚至更多的叶数。此时不论是采摘小开面的一心四叶或一心三叶、中开面的一心三叶，还是大开面的一心二叶，枝条上至少还可留下两叶成熟叶。这两叶成熟叶，在外行人的眼里或许无关紧要，却对茶园的长远经营有莫大的贡献。过度嫩采的茶树，尚未形成驻芽，仅有三或四叶形成时就进行采摘，仅留下鱼叶，使茶树因为留存叶（营养器官）量的不足，造成后续生产力弱及树龄骤减，长久下来对茶树伤害巨大。这样的怪象，不专业的茶商要负起很大的责任。

■嫩采＝茶汤苦涩、香气不足

稚嫩的鲜叶原料，虽然可溶性果胶质与氨基酸较成熟叶高，但是整体的糖类含量较少，苦涩的多酚类物质含量高。这样的原料，因为叶子成熟度低，叶片的角质层薄、气孔少、含水量高，晒菁时不能承受强日照，否则容易红变，这与皮肤稚嫩的孩童，在太阳底下久站会很快晒伤的道理一样。因此，嫩采茶菁多半都有萎凋不足、消水不够的情况，且茶农在做菁时因担心浪菁过重造成红变，因此

① 过于粗老已转为红梗的驻芽，即使是一心二叶也已经过了适摘期，叶肉过度纤维化，枝梗也转为木质化，已非制作半发酵茶的合适原料。② 过嫩的芽叶，在半发酵茶制作过程中禁不起适当的日光萎凋及搅拌，容易提前"红变"或"死菜"，是制作工艺中的大忌。

不会施以较大的机械力道，结果多半有浪菁不足的现象，接连导致后续发酵不足。

对消费者而言，嫩采且发酵不足的茶，可溶性糖类含量不足、苦涩度偏高，这是最严重的问题。虽然嫩芽叶中含有的可溶性果胶质与氨基酸能够平衡茶汤的苦涩，但是这些甘甜的物质，在冲泡初期迅速释放，平衡苦涩味的效应随着冲泡次数的增加迅速消失。此时含量最多的未氧化多酚类物质构成了茶汤滋味的主体，仅存苦涩。

不肖商家冲泡这样的茶，通常会使用短时间浸泡大量的茶叶的方法，一来可以利用甘甜的糖类、氨基酸、果胶质等物质展现茶汤的优点，二来可让买家对茶产生"耐泡"的误解。这种茶长期饮用往往会导致肠胃方面的不适。喝茶原本是一种享受，若因为错误的观念，造成身体的不适，可真是花钱买罪受。

开面采的茶叶，能够承受较重的萎凋与搅拌，虽然可溶性的果胶质与氨基酸较嫩采的茶芽少，但叶内含有大量的糖类与香气物质前体等物质，且苦涩的多酚类物质减少，为茶汤的滋味与香气奠定了良好的基础。如此的茶菁原料，只要通过适当的制造工艺，即可做出浓稠度高、香甜且苦涩度低的茶汤，更没有让人产生肠胃不适的困扰。

喝完茶，倒出茶渣，您喝的茶，驻芽了没？

幼恰有底——被遗忘的"步留"

茶界有个流传已久的说法,"茶幼恰有底"或"茶无论按怎也是爱幼",其实这话是有历史背景的。在四五十年前或更早以前,在台湾,茶是一种极珍贵的货物,而且当时茶园的管理方式也与现在大不相同。

当时的茶园采取粗放管理,施肥较少,多半任其自然生长。因为土地的肥分少,产量自然不高,茶农在采摘作业时舍不得嫩采。但也因为施肥少,茶树很少有窜心芽出现,大部分都是对夹叶,且采摘的工作会等到叶片开面才进行。那时采茶全赖手工,做茶也多凭人力,无论采摘、制茶的速度还是产量都不高。因此有些茶会因采制速度过慢而老化,形成"黑面红骨"——茶叶颜色由黄绿转深绿,而嫩梗由绿转为木质化后的浅咖啡色。由于资源珍贵,即使这样的茶,也有人采来做。以这种原料做出的茶,茶干颜色黄得有如纸钱,且香气淡薄、滋味淡涩,汤色近乎水色,因此多借高温焙熟,凭着唯一的特色——火味来贩卖。

现今市面上可见的茶在精制过程中拣出来的黄片、老叶都比当年所谓"黑面红骨"的茶还嫩。为针砭这种粗老的茶,才会形成"幼恰有底"的说法,而这个"幼"指的不过是尚柔嫩的成熟对口叶罢了。

但时至今日,绝大多数人却认为刚成熟且相当柔软的茶叶已是过于粗老的茶菁原料,这实在是天大的误解!要制出风味佳的好茶,需要的正是这样的茶菁。这种原料制出的成品,无论香气、滋味、汤色表现都恰恰能表现出半发酵茶的风味。而贪嫩采制的茶,就好比抢收的香蕉,仅四五分成熟度就收割等待后熟,这种香蕉往往不会变黄,即使变黄,也不香甜,心也生硬。

"步留"一词源自日语汉字ぶ.ま.,其发音为budomari,意指原料与成品两者间的比例,用现在的说法,就是良品率。台湾的糖厂过去用这一词语来表示甘蔗原料制成粗制糖的比例。在茶业中,台湾的资深茶农大多知道这个词,而新一代的茶农则闻所未闻。

二三十年前制茶的步留是四台斤茶菁做成一台斤毛茶,若原料少于四台斤可制成一台斤则表示"有步留",若原料多于四台斤则是"无步留"。影响步留的因素在于茶菁成熟度以及采收前的天气状况。以春茶而言，若采收前久未降雨，会比较有步留；相反，若是久雨乍晴随即采茶，因茶菁内水分较多，就会无步留。

在当时，茶农对步留的要求很严格，尤其是买茶菁加工的业者，因为这牵涉到成本与利润。当时半发酵茶采摘的是成熟度70%以上的对口叶，三斤十二两（一台斤为16两，编注）春茶茶菁可以制成一斤毛茶，香气、滋味都达标，是真正的"有步留"。之所以可以如此，必定是因为采摘时有连续多日的放晴，或茶菁在午时采收，以及茶菁本身的成熟度配合得好。

但目前市面上的茶，几乎都是采收偏嫩的茶菁制作，尤其是高山地区，几乎都无步留，大部分需要五斤或五斤半茶菁才做得出一斤毛茶，甚至还有需要六斤、七斤的。这种原料偏嫩的茶干，外观乌黑油亮紧结如豆，香气不清扬，滋味淡薄，且浓浊的青草味弥漫，又苦又涩。有步留的茶，采摘的是较成熟的茶菁，茶干呈现的是黄鳝色，泡出来的茶汤有成熟的花香果香，回味无穷。而现在若制成的茶干为"黄鳝色"，一般茶商会认定它为粗老茶菁制成的粗老茶，反而过度嫩采、没步留、墨黑紧结的被视为好茶，真让人有物换星移之感慨。

之所以会造成这种局面，与茶贩的专业度低脱不了关系。缺乏专业素养的茶贩，一味无知与强硬地要求茶农非得嫩采，以求制出的茶外观好看；一面压迫茶农，一面欺骗消费者那样的茶才是好茶。事实上，频频采摘成熟度低的茶叶，对茶树影响非常大。茶叶是茶树的营养器官，我们摘取茶树嫩梢制茶，与茶树茁壮生长的需求恰好冲突，不啻为一种戕害。在影响茶树生长与获取茶菁制茶之间，需要合理地采摘以保证茶树的生理平衡，让茶树有继续繁茂的机会。

无论茶龄几年，无论是否听过"步留"一词，对茶农而言，为了茶树强健与延长树龄，减少更新茶树的成本，"步留"是应该仔细思考的问题。而决定茶业市场风向的消费者，更应该对茶叶有更多深入的理解与认识，购买时选择"有步留"的好茶，既能品尝到真正半发酵茶的丰富风味，又能对环境保护尽一份力，何乐而不为呢？

好茶的制程应该如何？
适性而制才能引出好滋味

制造工艺是决定乌龙茶香气与质量的关键，这些各个独立的程序环环相扣、互相影响。制作不佳的茶叶，茶汤苦涩、颜色混浊，叶底也常舒展不开。

半发酵茶类中包种茶的制造工序从"采摘"开始，集菁后运送至工厂，依序进行"日光萎凋""室内静置萎凋与搅拌""大浪""堆菁发酵""杀菁""揉捻"（或团揉），最后进行"干燥"。其中室内静置萎凋与搅拌、大浪及堆菁发酵工序，是半发酵茶特有的制程，在中国统称为"做菁"。采摘成熟度决定了日光萎凋的操作方式，而日光萎凋的程度也决定着后续做菁的成败，做菁的程度又影响着杀菁的操作方式，这些各个阶段的制程看似独立，实际上环环相扣、彼此相互影响。若对制程中每个环节对成茶产生的质量影响都能了如指掌，那么，只差天公作美就能做出好茶了。

■采摘与日光萎凋

包种茶类（条形、球形、半球形）的制作以形成驻芽的开面叶为最适当的成熟度，原料尽量选取小开面的一心三叶或一心四叶或是大开面的一心二叶，这类茶菁里营养物质丰富，叶片组织细胞的分化完全，最符合包种茶类特殊的加工工艺要求（参见72页）。

茶菁采摘方式分为机械与人工操作两种。人工操作的采摘方式每一个半至两小时收集一次，称重后装入大布袋或大型塑胶笼运送至制茶厂，此过程称为"集菁"。集菁的间隔时间若太长，茶笼内含水量高的茶菁受挤压后容易出现"闷味"，如此制成的茶自然质量不佳。此外，高温天气也会让茶笼内的茶菁温度升高，茶菁的活性会因为过高的温度而降低，同时产生不良气味。因此，集菁的时间间隔不宜太长，得视设备及天候及时调整。

集菁后将茶菁运送至制茶厂的过程俗称"进菁"。进了茶厂，要先将茶菁均匀地平铺于帆布上，俗称"摊菁"。摊菁的目的是为了进行日光萎凋，日光萎凋又叫作"退菁"或"晒菁"。若茶菁温度高，则先置于阴凉处"晾菁"，等待茶菁温度降低后再进行日光萎凋。早上露水未干的茶菁，也必须先晾菁，等待茶菁的露水干了以后，再移到室外晒菁。现在的制茶厂大多设有电动遮荫网，对于晒菁与晾菁二者的交替操作来说，便利许多。

日光萎凋是借由太阳的热辐射及空气热对流，促使茶菁内的水分迅速蒸散的物理走水，为后期的做菁提供了良好的先期物理化学条件。此外，日光萎凋的另一个重要目的就是减轻茶菁所带有的菁气，提升各种酶的活性及促进大分子不可溶的物质分解，为后续形成香气与滋味奠定基础。

阴雨天不适合采茶，如果勉强冒雨采收加工，是绝对做不出好茶的，制出的茶必定苦涩且带有菁臭味。可是目前高山茶区冒雨采收的情形可以说是常态，尤其采摘春茶时更是如此。茶叶的加工与当天的温度、湿度、风势有密不可分的关系。在气温低、湿度高、无风的阴天，茶菁水分蒸散速度缓慢，晒菁的时间必须拉长，同时又因缺乏日照，香气无法形成，茶菁且带有菁臭味。

倘若制茶天候不佳无法晒菁，会改在室内使用各种热源加热空气，以热对流为主促进萎凋作用的进行，称为"热风萎凋"。在产茶季节，难免会因为天候不佳及人力不足，不得不在缺乏日照的阴天制茶，采用热风萎凋是不得已而为之的做法。据研究分析，日光萎凋与热风萎凋对于香气组成的影响并不相同，且实践中也发现日光萎凋比热风萎凋能形成更多更好的香气，又能省去热风萎凋所需的设备及能源，是最好又最省钱省工的萎凋方式。

日光萎凋的掌控拿捏需要恰到好处，过与不及都不利于形成好的品质。在达到适度萎凋的前提下，仍要维持茶菁的活性，以便在后续工序中，让茶菁里的物质能顺利进行一系列的生物化学反应，构成滋味与香气。若晒菁过度，容易产生"死菁"。"死菁"是在太强烈的日照与高温下晒菁，造成茶菁组织细胞受损，提早"红变"。因此，日照过于强烈或气温过高的时候，需将茶菁移至阴凉处，或是以遮荫网阻挡住阳光，以晾菁取代晒菁，才不会晒伤茶菁。

由于茶树有蒸散作用的特性，因此上午十一点至下午三点左右所采摘的茶菁，含水量为一天中最低，此时是茶叶最好的采摘时段。茶农所称的"午时菜"（午时菁），是指上午十一点至下午一点所采摘的茶菁；"二午菜"指的是午时后第二次集菁的茶菁，时间约为下午一点至三点。无论是午时菜或二午菜，含水量都相对较低，方便执行萎凋工序。午时菜集菁后的日照仍较为强烈，日光萎凋必须小心谨慎；二午菜的晒菁时段，太阳辐射已较为缓和，在操作上便有别于午时菜，容易掌握。早上采摘的露水未干的茶菁，若直接进行日光萎凋，茶菁容易晒伤，成为死菁。

摊菁的厚薄主要取决于制茶厂的晒菁场空间大小，晒菁场越大，单位面积上的摊菁量就相对较低，对掌握萎凋工艺来说比较有利。摊菁薄，每一片茶菁就能均匀接受日光辐射与热对流作用；摊菁厚，上层的茶菁比下层的茶菁能够接受较好的热辐射及热对流效应，容易产生萎凋不均匀的现象，因此需要翻动数回，使萎凋均匀。但即使摊菁薄，也还是需要翻动，以帮助茶菁嫩梗水分的移动，使水分因外力的作用重新分布于叶面，从叶背气孔及叶缘角质层蒸散水分。这一连串水分的传输，俗称"走水"。翻动的力道得视茶菁的成熟度及萎凋的程度（含水量）进行调整。茶菁愈嫩或含水量愈高，力道愈要柔软。

制作好茶，摊菁的薄厚是关键。若茶场空间过小或进菁数量过多，势必会将茶菁摊厚，由此日光萎凋的时间与翻动的次数就得随之增加。翻动次数越多，在前期茶菁含水量尚高、叶片还较硬脆的情况下，容易增加叶脉与嫩梗折损的机会。叶脉与嫩梗是茶叶内主要的水分传导通路，俗称"水路"，水路一旦崩坏，叶片组织便无法获得来自嫩梗中的水分及其他物质，那制成的茶质量绝对不佳。而摊菁厚，也势必将拉长日光萎凋的时间，要是又遇上制茶当天的天候条件不配合、日光不足，则会导致该批次的茶菁还在晒菁时，下一批次的茶菁已经运送至工厂，那么前批次的茶菁就不得不移进室内，进行后续的加工制造，不利于形成好茶。

幼嫩的茶菁含水量比成熟茶菁高，并且因为组织分化未完全，禁不起日光曝晒，因此需要较微弱的日照及较长的萎凋时间才能达到适度的萎凋。在高山茶区，常常因为采摘成熟度不足、进菁量大且制茶工厂空间不足等，再加上低温高湿的客观气候条件，绝大多数茶菁都有日光萎凋不足的现象。

目前大部分的日光萎凋作业方式是将茶菁摊在大型的四方形帆布或网布上，翻动时由两人各执帆布的对角，沿着帆布对边行走，重复两次，将茶菁集中在帆布中央，再以双手重新将茶菁均匀摊在帆布上。但在摊菁初期以这种方式翻动茶菁，其实已经严重折损了茶菁的嫩梗及叶脉等水分传输组织，阻碍茶菁走水。传统的操作手法，是将茶菁摊于帆布上，翻动时茶菁所受的外力较轻柔，相较之下不容易损伤茶菁，但是需耗费大量的人力以及空间，在大规模生产操作上比较困难。如何改善日光萎凋的细部操作方式，是值得进一步思考、研发的事情。在部分茶区，有些茶农以竹耙翻动茶菁，茶菁的折损程度较轻，是比较好的翻动方式。

日光萎凋的时间，短则10～20分钟，长则3小时以上，没有一定的标准。日光萎凋的时间把握，需要考量茶菁成熟度以及后续制茶空间的大小、温湿度的高低、通风性的好坏等因素。

日光萎凋的程度如果稍微不足，还可以在室内静置萎凋与搅拌的工序中进行加强，因此过去的观念常认为日光萎凋的程度"宁轻勿重"。但考量现今台湾高山茶区，各项因素已与过去不同，日光萎凋应该调整为"宁重勿轻"。原因在于高山低温与高湿度的气候与制茶厂通风不良、空间不足造成摊菁太厚的缺点，使得室内静置萎凋时走水非常缓慢，无法顺利地在一定时间内使内含物质转化。在这种情形下，高山制茶时，唯有在日光萎凋时预先修正室内静置萎凋可能有的走水缓慢，才较有机会制造出好茶。

■室内静置萎凋与搅拌

在经过适当的日光萎凋后，接续的室内静置萎凋与搅拌是为了让茶菁继续走水，促进嫩梗的水与内含物质继续传输至叶部。原理类似日光萎凋时的晒菁与翻动作业，只是与日光萎凋相比处于一种温度较低、空气流动性较低，且无日照的微气候条件。伴随着水分蒸散，茶叶内的多酚类物质、大分子糖类、蛋白质与类胡萝卜素等物质会逐渐缓慢水解，这个缓慢的水解过程是制茶后期形成浓郁滋味与高扬香气的关键。

室内静置萎凋的做法是将茶菁摊于笳苈或大型萎凋架上，伴随着相对于室外较缓慢的空气流动，水分持续地由叶背气孔和叶缘角质层蒸散，叶部才能从充满水分的紧张状态逐渐失水至萎软状态（即"走水"或"消水"）。因为缺乏如太阳般大量的热能，而且室内的空气流通性也比室外低，这样的条件让水分蒸散速率缓慢，静置时的翻动每次需间隔1～3小时不等。时间的长短取决于茶树品种、采摘成熟度、摊菁薄厚以及室内静置萎凋的空间大小、温度、湿度、空气流通性高低与该空间所能负载的茶菁量。

不论是日光萎凋或室内萎凋，空气流通性的高低对茶菁蒸散失水的速度影响很大。当茶菁蒸散水分，水气会聚集在茶菁周围，若通风良好，湿度高的空气迅速被湿度低的空气置换，茶菁内部与空气的饱和水蒸气压差值增加，为茶菁持续走水创造有利的条件。相反地，若通风不良，那么茶菁的蒸散失水速率就会趋缓，就必须延长萎凋的时间了。

但所谓的高山制茶师，常常都只是熟练的制茶技术工，在进行室内萎凋作业时不顾茶菁是否正常走水，仅让萎凋叶处于一个密闭、低温、高湿的萎凋环境中，以标准化的操作模式处理每一天的茶菁。虽然以空调设备营造出恒温恒湿的条件，但多半无法使茶菁达到适当的萎凋条件，成品的好坏就只能看运气了。

室内静置萎凋的过程中，对酶的活性的把握是能否制出好茶的关键。当萎凋进行时，叶内的许多物质会在水解酶的作用下增加。当水分减少到一定程度时，细胞缺水，酶的活性开始下降，若不予理会，那么酶会趋于解离，造成失水过度而丧失活性，形成死菁，便无法借由水解作用产生更多的物质来形成香气与滋味。此时若轻微地搅拌茶菁（茶农称此动作为"浪菁"），使嫩梗中的水分传输至叶部细胞组织中，茶菁便可由萎软状态恢复到充水的紧张状态，俗称"回阳"，维持酶与细胞组织的活性，替下一次的走水与内含物质增加铺路。这"死去活来"为后续的工序奠定良好的基础。

若日光萎凋的程度稍有不足，就得增加室内静置萎凋的时间与搅拌的次数，促进水分的蒸散及内含物质的累积。水分的蒸散在室内相当缓慢。若是摊菁薄，尚且容易补足轻微的日光萎凋不足；若是日光萎凋程度十分不足的茶菁，便需要增加萎凋与搅拌工序的时间，对制茶人的体力消耗产生相当大的负担，但即使如此，仍有挥之不去的菁气留存。高山茶区由于气温低且湿度高，制茶空间小，如果天气条件再不配合，室内静置萎凋的走水通常都会过于缓慢，因此日光萎凋程度就必须掌握得更重些，让整体的制程不至于耗费过长的时间。

室内静置萎凋与搅拌的次数与茶菁走水的程度及香气的表现相关，一般约为3~5次。前期搅拌时，茶菁含水量还很高，力道的掌握宜轻不宜重，否则容易产生如同日光萎凋时折损嫩梗和叶脉的死菁，俗称"积水"，降低成品质量。后期搅拌时，虽然茶菁含水量降低，但力道较初期应稍重，以让茶菁"回阳"，当然过或不及都不好。最后一次静置萎凋结束时，茶菁含水量应已大幅度减少，若用手握住茶菁，应当是柔软无刺的手感，且香气也由初期强烈的青草气息，转为较弱的青草气与微弱的甜香。

茶菁的走水，在完成最后一次静置后，就要迈入重要的"大浪"阶段了。

■大浪与堆菁

日光萎凋、室内静置萎凋与搅拌这两道工序，除了能蒸散茶菁的部分水分，还影响着内含物质的生物化学变化，在这个过程中酶也参与了一系列的反应，因此广义来说，发酵作用自日光萎凋开始，就已经启动。

走水适当的茶菁，大量的内含物质会转变，具有苦涩味的多酚类物质、大分子的蛋白质、多糖、类胡萝卜素等物质在酶促与非酶促的作用下降解，为形成茶汤滋味与香气奠定良好的基础。大浪是茶菁的最后一次搅拌，力道最重，浪菁时间也最久。有别于前几次的搅拌是用手工操作，大浪需要用"浪菁机"代替双手来执行。

大浪的前期，嫩梗的水分因为外力的作用传输至叶部，茶菁又再次回阳呈现紧张状态。大浪中后期，呈紧张状态的茶菁在浪菁机中相互摩擦，叶缘部位会受损比较严重。负责水分传输的叶脉因为重度的浪菁受损，叶内水分通过叶背气孔蒸散水分的能力大为降低，达成大浪的重要目的——"保水"，使细胞组织不至于因接下来长时间的堆菁发酵工序大量失水而丧失活性，中断内含物质的转化。

除了保水，大浪的另一个重要目的在于促进组织细胞中的酶与内含物质充分接触。在充分走水的前提下，叶内的细胞趋于解离。海绵组织细胞中的液泡膜因为大浪而被严重破坏，使液泡内的多酚类物质、氨基酸、糖等物质与细胞质中的酶接触，为堆菁发酵工序奠定基础。

适度大浪之后的茶菁，富有活性，宛如刚从茶树上摘下来般挺立，香气浓厚，有类似未成熟香蕉的香气，手握有滑粉、沉重感。叶缘锯齿因破坏严重，逐渐转为红色且干枯，形成"红齿"，叶尖部最为明显。成熟的对口叶会形成"绿叶红镶边"的现象。叶片外观呈光滑雾面，颜色由新鲜叶的浓绿色、萎凋叶的淡绿色到大浪后转变为黄绿色，部分品种甚至可以转为黄色。将叶片置于强光下，透光性佳，叶脉及叶蒂会转为鲜艳的朱红色。

大浪的过与不及都无法成就好茶，茶菁前期走水的程度决定了大浪的方式，也几乎决定了茶叶质量的好坏。走水顺畅的茶菁才有可能通过适度的大浪与堆菁发酵，形成浓郁甘甜的滋味与多元的花果香气。

若走水不足，大浪以后，仍保存在嫩梗中的水分会大量传输至叶肉组织，茶菁叶部及嫩梗会因为大量充水而发亮，细胞含水量过高且走水不足会缺乏提供发酵作用的反应原料，酶无法在最佳的环境下促进发酵作用进行，制作出的茶汤滋味苦涩淡薄，香气低浊，汤色呈红褐色。面对走水不足的茶菁，许多茶农退而求其次地减轻大浪程度，以避免叶内组织过度破坏形成积水红，使成茶苦涩。但也因为如此,细胞的破坏程度不足,内含物质与酶无法充分接触进行反应,制作出的茶汤滋味青涩,香气无法转换,富含菁气,汤色青绿。

若走水过度,但还不到死菁程度,那么大浪程度就必须加重。茶菁的输水组织要破坏得更彻底,并且堆菁发酵时必须维持较高的空气湿度,减少水分蒸散,发酵作用才能顺利进行。若大浪程度达不到相应的走水程度,酶便无法充分与反应物接触,亦无法在堆菁发酵时引起适当的转化。

大浪后的茶菁,厚厚地堆在笳荡里,这样一个温暖的环境,能够帮助茶菁继续发酵,称为"堆菁"。此时茶菁的酸碱值、温度及内含物质的浓度均处于最佳状态,在各种酶类的帮助下,和缓促进滋味与香气的生成,这就是所谓的"堆菁发酵"。堆菁发酵的时间为4~12小时不等,与前期的工序和当下的温度相关。若温度低,则堆菁可以厚些,以利于酶在合适的温度下发挥活性;若温度高,则堆菁必须薄些,避免酶的活性先盛后衰,无法走完最后一步路。

堆菁发酵的温度与时间不足是目前高山茶区的通病。堆菁发酵的温度低,发酵时间就必须延长;温度高,发酵作用相对较快,时间可以略短。许多制茶工习惯将发酵时的气温控制在20℃以下,以避免发酵过度,但叶内的酶却难以活化,导致滋味与香气的转化相当缓慢。有些制茶工为了配合第二天一早团揉工序的进行,随意缩短堆菁发酵时间,急急忙忙地杀菁,茶菁无法形成润滑的滋味与持久的香气,结果做出了青涩淡薄的茶汤。

在有良好的走水、浪菁的前提下,随着适当温度下的堆菁发酵的进行,茶菁的香气会由原本类似未成熟香蕉的菁香,渐渐依序转为清香、花香、果香、蜜香等等多元且带有甜醇的香气,耗费时间为4~12小时不等。滋味的表现,与香气有很大的关联,发酵时间越长,滋味也就越润滑甘甜。

当茶叶的菁味退去,香气转甜时,原则上就已经可以进行杀菁工序了,这一工序可以中止酶的作用以稳定质量。但是若可以让发酵作用持续进行,则茶汤滋味的表现会愈加令人赞叹。

1 日光萎凋时需适当地翻动茶菁，促进茶菁的水分重新分布，且让茶菁的萎凋程度均匀。

2 妥善地利用遮荫网进行日光萎凋，不仅可避免茶菁晒伤，且利于茶菁的水分蒸散。

5 萎凋叶水分减少时，以双手搅拌，促使枝梗中的水分再次分布至叶肉。"静置—搅拌"的交替次数与间隔时间需根据茶菁的变化来调整。

6 最后一次的搅拌，茶农称为"大浪"，一般以竹制浪菁机代人力。浪菁的程度取决于浪菁机的转速与运转时间。

9 发酵完成后的叶面呈现"三红七绿"的特征，此时便可进行杀菁以固定香味。

10 高温炒菁的主要目的在于中止发酵作用，使叶内的酶失去活性，并散发叶内大部分的水分。杀菁完成后，乌龙茶的香与味就抵定型了。

13 揉捻后的茶叶，应先进行初步干燥，以减少一部分残留水分。

14 球形包种茶（冻顶乌龙茶、高山乌龙茶、铁观音等）则需再行团揉工序，"包布球—平揉—解块"的工序重复数十回。

3 日光萎凋适当的茶菁，叶面光泽消失，呈现丝绸般触感，枝梗萎软。

4 室内静置萎凋的步骤，目的在使茶菁缓慢持续地蒸散水分，让叶内的物质持续转化。

7 大浪后的茶菁，叶缘呈现朱红色，"绿叶红镶边"是大浪适当的表现。

8 静置发酵中的茶菁，必须以帆布围绕竹筐推车，在低温环境下帮助发酵叶聚温，发酵作用才得以顺利进行。发酵完成后，可以在推车上方看见凝结的水气，此时就近细闻发酵叶，会闻到成熟的香甜花果香、蜜香与酸香。

11 揉捻的目的除了成就外形，同时还能破坏叶肉组织，有利于后续冲泡时可溶物质的释放。

12 揉捻后茶叶呈现条索状。若是制作条形包种茶，只要再行干燥，将水分降低至5%以下，则毛茶便完成了。

15 团揉完成后，茶干呈现球形，干燥至一定含水量后毛茶即完成。

■杀菁

堆菁发酵完成后，进入杀菁工序。杀菁是利用高温终止酶的活性，使发酵（酶促氧化）作用不再进行，促进茶菁中的水分大量蒸发，并借由热的物理化学作用让香气与滋味进一步醇化的重要步骤。杀菁不足或杀菁过度都将会让先前的辛劳毁于一旦。反过来说，若萎凋、浪菁的程度不足，就算有好的茶菁原料与杀菁技术，也无法成就高级品。

目前的杀菁方式有别于传统锅炒的方式，是以滚筒型炒菁机进行杀菁作业的。炒制包种茶类的锅底温度约在160℃，炒菁的时间在5～10分钟，有的甚至在10分钟以上，由实际操作情况而定。滚筒型杀菁机的转速快慢可以控制，通过调整温度的高低、转速的快慢及炒菁时间的长短可以控制杀菁的程度。

在茶菁发酵过程中，在某个温度范围内，酶的活性会随着温度上升而提高，加速酶促氧化反应。若温度持续提高，酶的活性会逐渐下降；当温度到达某一临界值后，酶就会彻底失去活性，即"钝化"。若炒菁初期的升温时间太长，酶处于最佳活性温度的时间太久，会使氧化作用旺盛，茶汤与叶底色泽会加深转红，产生"闷红"，从而导致清香味不足。因此炒菁前期，应设法使叶温迅速上升，使温度达到能有效钝化酶活性温度的范围。据研究，多酚氧化酶的钝化温度约在85℃，而其他酶的钝化温度目前还不清楚。炒菁中期，此时叶内水分温度接近沸点，作为热的导体，它促使叶温达到了各种酶的钝化温度，叶内的酶开始失去活性，酶促氧化作用逐步停止，同时水分也因高温而开始大量蒸发，水蒸气自炒菁机中大量冒出。炒菁后期，水蒸气会大量减少，但因叶与梗的失水速度不一致，叶内的酶可能尚未完全钝化，需炒至茶菁握在手中感觉干爽且略为刺手为止，此时才算彻底破坏了酶的活性，杀菁才算完成。

目前坪林包种茶区和高山茶区产制的茶，大部分都有炒菁不足的通病。因为一般人都有少投叶以保证杀菁质量的错误观念，所以一次只炒12～15台斤的茶菁，甚至更少，使杀菁机内的空气流通量过大。而且炒菁机转速过快，叶肉与梗无法与炒菁机进行有效的接触便迅速被升温，结果就是嫩叶在相对低温的条件下，水分迅速地由角质层蒸散。因炒菁量过少，成熟叶与梗的水分无法迅速提高到有效的温度而得以蒸散，便会有炒菁不均匀的现象发生。通常会产生两种结果：一种是成熟叶与梗杀菁不足，造成茶汤带有苦涩味，青草气犹存，且残余的水分会重新活化酶，从而导致质量不稳定；另一种是成熟叶与梗杀菁足够，但嫩叶杀菁过度，在团揉过程中产生过多的碎末，从而给茶农造成损失。

嫩叶的含水量高，角质失水快，一般采取相对低温、长时间的方式杀菁，不仅可以达到有效的杀菁程度，也不至于因为过高的温度而将嫩叶炒焦、烫伤从而表现出不良的香气。成熟度高与含水量低的茶菁，则应采取较高温、短时间的方式杀菁，避免长时间杀菁所造成的失水过度，若失水过度茶汤滋味必然会过于淡薄，也不利于揉捻。

滚筒型炒菁机转速的快慢需根据投叶量的多少而定。掌握的原则是初期转速慢（闷炒），迅速且均匀地提高叶温；中期转速快（扬炒），以促进空气对流排出水蒸气与青草气；后期再度转为慢速（闷炒），并稍微降温，以保留残余水分，并利用残余水分的热效应彻底终止酶的活性。

杀菁需要以梗及叶中的水为媒介，需保留一部分水分，又得排除一部分水分，是一道具有互斥性质的工序。需根据茶菁条件的不同，灵活控制温度、转速及时间，才能掌握适当的杀菁程度。杀菁作业是颇具技术性的工序，就好比五星级饭店里的大厨一般，对于材料的认识与火候的掌控要深刻且熟练，才有办法炒出一道色香味俱全的好菜。

■揉捻及团揉

不论在台湾或是大陆，许多茶从业者都认为揉捻的目的是要破坏茶叶的芽叶部分组织细胞，以使叶片内汁液渗出，附着在芽叶表面，以利于在冲泡时溶出，这是相当错误的理解。事实上，炒菁后的茶叶置入揉捻机开始揉捻时，若看得见汁液渗出，就代表炒菁不够，茶叶组织的水分尚未降低至应有的程度。揉捻的目的，一方面是使茶菁卷曲成条状，另一方面则是为了破坏叶肉组织细胞，有助于可溶物质释出，而非为了使可溶物质渗出附着于叶表面。

杀菁后的茶菁，置于望月型揉捻机中揉捻，经过揉捻的茶，被称为"茶糅"。揉捻后成条形的茶被送进干燥机中，利用高温让残余的水分继续减少；若是直接将含水量降低至5%左右，那么条形包种茶的"毛茶"就算是完成了。

半球形包种茶与球形包种茶则因还要经过团揉工序，因此在揉捻后的初次干燥阶段尚须保留一部分水分，以免在过度干燥的情况下团揉造成茶叶碎裂，增加茶叶损耗，也不易包揉成型。

团揉是以布巾包覆未完全干燥的茶糅，利用各式机器将茶糅外形变为半球形或球形。团揉一方面要借助残留的水分将茶糅整型，一方面又必须在整型的进程中降低茶糅含水量，需要反复地包揉与解块，是极为辛苦的差事，得耗费大量的人力与时间。

团揉程度越重，组织细胞的破坏程度就越高，有利于冲泡时可溶物质的释出，因此茶汤滋味较重。但过度团揉，会使茶叶外形呈紧结球形，在后续的干燥过程中，茶球内部的水分便难以完全借由热作用散失，这样的毛茶很容易变质。若是团揉程度较轻，甚至是不经团揉的条形包种茶，相对来说滋味会较轻，可保留较多的低沸点香气，冲泡时香气扑鼻。

■干燥

条形包种茶的茶糅，在经望月型揉捻机揉捻后，直接干燥至一定含水量以下。半球形与球形包种茶，经过漫长的整型后，也同样需要干燥至一定含水量以下，以稳定质量。条形包种茶需要干燥至枝梗可以轻易折断，半球形与球形包种茶则需干燥至可以用两指揉搓成粉末，这样才算干燥适度。干燥好的茶，称为"毛茶"。

茶叶质量的好坏，从日光萎凋开始，至杀菁结束，就已经决定。武夷山、广东和文山茶区，习惯将外形制成条形；闽南、木栅、南投冻顶、名间及新兴高山茶区，则习惯将外形制成半球形或球形。茶叶从日光萎凋开始至杀菁，若每一个环节都掌握得当，那不论制成什么形状，都是好茶。

茶叶的"粗制"阶段至此已全部完成。但毛茶仍有相当的含水量，若直接包装贩卖，对消费者来说相当不利，因为花的钱一部分买的是"水"而不是茶，同时因含水量高，容易导致茶叶变质、不耐储藏。所以，作为商品的茶叶，还要再通过一系列的精制作业，才能真正上架售卖。

生茶、青茶、熟茶

什么是生茶？什么是青茶？生茶和青茶意义完全不同，但在闽南话中因为发音相同，很容易使人混淆，将两者画上等号。有生茶自然也有所谓的熟茶，熟茶这个名词在市场上的使用，也有着定义混淆、讹传误用的问题。究竟，青茶、生茶、熟茶真正的含义是什么？怎样才能正确分辨？

青茶是传统六大茶类中的一类，学术上称为半发酵茶或部分发酵茶，指茶叶在"开面采"的采摘标准下，通过特定的工序加工生产的茶叶。青茶在中国也被称为乌龙茶。而生茶指的是刚加工好，尚未经过高温焙火的毛茶。生茶经由高温焙火，会呈现出不同的香气与口感，因焙火温度与时间的不同，生茶可能转为半生熟或熟茶。

若将毛茶比喻为面包店刚制作好的吐司面包，那么若是将面包直接切片后食用，就好比品饮生茶，是在品尝它的原味。要是进一步把吐司面包放入烤箱，用不同的温度烘烤，再去品尝，面包就开始拥有不同的香气与口感。温度较低时，可烤出表面稍干、色泽变化不大的原味；加重火候，可烤出表面略带金黄、香气提升、口感略酥脆的面包；若再提高温度或延长烤制时间，吐司的表皮可能会变得焦黑，香气会更浓郁，口感会更脆，与未烘烤前是截然不同的风味。经过烘焙后的茶，我们称为熟茶，因为温度与时间的不同，熟的程度也不一样，所以分别有所谓一分火、两分火、半生熟的说法。

青茶的精制加工涉及烘焙，因此有了生、熟之分。那么，全球市场占比最高的红茶与绿茶，是否也有生熟之分呢？红茶是全发酵茶，在粗制与精制阶段均不含烘焙工序，所以可将红茶归为生茶。绿茶为不发酵茶，除了少部分的绿茶比如屏东港口茶，或是某些日本煎茶会通过加工制作成熟茶外，大部分的绿茶讲求新鲜原味，多属于生茶。根据上面所提的半发酵茶、全发酵茶、不发酵茶的制作工序与想要制作的风味特色，如何区分生茶与熟茶应该是很清晰明了的了。倘若光用汤色来划分生茶与熟茶，恐怕无法完整地说明生与熟的概念。

　　当然，最后不能遗漏了黑茶。黑茶在名词上也有生熟之分，常见于市面的有普洱生饼与普洱熟饼，但这两类茶实质上都被归类为生茶，是因为这两种茶类加工都缺乏焙火的工序。其实，普洱熟饼之所以会被称为熟茶，是因为通过渥堆工序或生饼长期存放而产生的后发酵作用促使普洱生茶熟化，产生品质上的改变。所以说，黑茶的生熟与焙火无关，与其称为"熟化"，倒不如称为"陈化"，这样才能与经焙火的熟茶清楚区分，不易产生误会。

茶叶的精制过程

烘焙

烘焙的主要目的是降低含水量、去除杂味以及降低咖啡因含量，浓缩茶叶的香气与滋味。适合烘焙的茶，发酵程度需比较高，才能增添风味，否则只是用火味掩盖工艺不良的事实。

在六大茶类中，青茶类（即包种、乌龙、铁观音）是唯一讲究烘焙（或称焙火）工艺的茶类。通过不同的烘焙方式，才可以造就青茶类独特且多元的香气。

毛茶在产区制作完成后，茶干含水量仍较高，质量也不稳定。茶行在收购茶农的毛茶以后，会视毛茶的状态进行不同程度的烘焙，主要目的是降低含水量、去除杂味，并且依顾客的喜好进行不同程度的焙火。老一辈茶人用闽南话"缩茶"来描述茶叶焙火，意思就是指焙火的目的是在浓缩茶叶的香气与滋味。茶叶的制作到了这个步骤，才算是精制完成。

■ 发酵足够，焙火才更能增添风味

茶叶含水量降低，有利于长期储存，保质期更长。台湾茶行对于烘焙各有说法，没有统一的标准。在我国福建茶区，对于乌龙茶的烘焙程度则有明确的定义，依茶干外形、香味与叶底特征将火候分为五等（见表1）。

● 焙火程度的高低，可直接由茶干的外观来判断。焙火愈重，茶干愈显暗褐色；焙火愈轻，茶干愈显黄绿色或浓绿色。

Chapter 2　手握、闻香、开汤、品尝

表1　乌龙茶的五种焙火程度

火候程度	俗称	外形特征	香味
一至二分	微火（走水、欠火）	条索紧结、色泽稍暗、砂绿仍明显	气味清纯，仍有毛茶香气特征，冲泡一次后叶色转原毛茶色泽，茶汤蜜黄
三至四分	轻火	条索更紧结、色泽稍泛暗、仍带砂绿	带轻微火香，香气较熟化，汤色呈金黄或褐色。滋味醇和有刺激感，冲泡二次后芽叶展开
五至六分	熟火（半生熟）	色泽泛暗、条索紧结、微带红色、沉重感减少	带火香，原香减少，无青草味，汤色橙黄带红。滋味甘醇厚实、带鲜甜。冲泡三次后芽叶展开，叶底呈暗黄绿色，不能转毛茶色
七至八分	足火	色泽泛暗、红色条索紧结、重实感减退、以手碰击声音暗哑、少部分茶叶为暗乌红色	火香浓，原香轻，汤色橙红或暗褐。滋味浓厚带粗糙感。冲泡四至五次叶面展开，呈暗绿色
九至十分	重火（老火、高火）	色泽为暗褐色并泛乌红、手碰击声音哑闷，部分茶叶为乌红色	火香浓烈，带焦味，失原茶叶特征。汤色暗橙红或暗褐色。冲泡后少部分芽叶展开，呈暗褐色，部分芽叶暗褐团不能展开

乌龙茶的焙火程度有以上明确的分级，但不是所有的半发酵茶类都适合焙火。茶叶是否适合焙火与海拔高低无关，最重要的还是取决于茶菁的采摘成熟度与制作时的发酵程度。

"高山茶重清香适合轻焙火，平地茶质量不佳适合重焙火"，这是茶产业界与消费者对于茶叶的严重错误认知。现今市场上的高山茶不适合用较重火候烘焙，原因在于嫩采及发酵不足，仅适合以低温复火干燥。过度嫩采与发酵不足的茶，本质上接近绿茶，若是焙火加重，会比不焙火的毛茶更加苦涩，且失去原有的新鲜香气与滋味。低海拔茶叶则因为日照长与气温高的气候特性，茶多酚含量高，适合高发酵与焙火精制的制作方式。若是低海拔茶叶的制作方式也仿照高山茶嫩采且轻发酵的走向，就算焙火技术再高明，焙火程度再重，也无法拥有良好的香气与滋味。

现在市场上海拔愈高的茶,采摘成熟度往往愈低,发酵度也愈加不足,茶叶中的可溶性糖类含量低,且苦涩的多酚类物质转化不足。这样的茶经焙火后,纵使甜度略有提升,但苦涩度也大大提高,甚至远高于甜度。另外,轻发酵茶叶的香气大多来源于低沸点物质,一旦受到高温烘焙便即刻挥发到空气中。稚嫩、发酵不足的茶叶又很容易"咬火",冲泡出的茶汤徒留火焦味,特色尽失。

■机器烘焙与炭焙的差异

"炭焙"为佳,则是第二个需要矫正的观念。有些人认为,茶质量的好坏取决于焙火,甚至认为只有炭焙才是最适合的烘焙方式,其实不然。嫩采与发酵不足的茶,即使使用"炭焙",也无法让茶叶起死回生。

炭焙是早期科技不发达,不得已而为之的烘焙方式。炭火烘焙需要一定的经验与技术才能掌握得当,否则茶叶在烘焙的过程中容易因温度过高而烧焦。而现

● 早期茶叶烘焙以炭火为热源,炭火的温度掌握全靠经验,在夏天的焙笼间里工作,是一件极苦的差事。

今的烘焙机械都带有自动温度控制器，操作上比传统炭火烘焙省时省工许多，而且质量稳定。即便如此，炭焙还是有其独特性的。炭焙与一般电器烘焙的不同之处在于：一般电器烘焙多是以加热器提升空气温度，借由热对流循环使茶叶升温达到烘焙的目的；而炭焙除了产生热对流作用外，木炭燃烧时所释放的热辐射也会同时作用在茶叶上，有助于叶温与热能的穿透，而木炭燃烧时散发的香气，也会附着于茶叶表面，使烘焙后的茶叶更添风味。只是，在现今都市型的生活方式中，炭焙操作不易，质量不稳定，所以，机器烘焙相对来说是较有效率且符合经济效益的。

烘焙除了进一步增添茶的香气与滋味，同时也赶走了茶叶里的"咖啡因"。咖啡因在高温作用下会从茶叶中升华逸散至空气里，遇到冷空气又随即凝固，这就是为什么在茶叶烘焙机械的出风口处常能观察到咖啡因结晶了。咖啡因具有苦味，在茶汤中可与其他可溶物质融合，使茶汤的口感更具活性。通过焙火去除了咖啡因的茶汤，口感相对较温和甘甜。

挑选茶菁成熟度高、发酵度适当且焙火程度稍高的茶来喝，能避免喝茶后晚上睡不着觉的情形。成熟度越高的茶菁，咖啡因含量越低，再通过完整的加工，便能得到温和、刺激性低的茶汤。买茶时，观察茶干的外形，愈紧结、色泽愈墨绿油亮的茶愈有可能是采摘成熟度较低、发酵与焙火工序不完整的茶。像这样的茶，喝起来不仅影响睡眠，还会令人心悸，引发肠胃不适，购买时需要多留意比较。

重烘焙的茶叶是消费者口中所谓的"熟茶"，但"熟茶含有的咖啡因比较少，所以不伤胃"的说法并不精确。国外研究指出，咖啡因会导致胃酸分泌增加，让原本就有消化性溃疡的患者病情加重；但单纯摄取咖啡因并不会使健康的个体罹患消化性溃疡。嫩采又发酵不足的茶，即使焙成熟茶，看似无害，其实也是笑里藏刀，喝了会让人暗中受伤。

● 制程良好的毛茶，经烘焙后咖啡因会从茶干中释放出来，在表层遭遇冷空气形成固体，在微距镜头下可以看到针状结晶。这在使用焙笼焙茶的茶干表面可以清楚看到，电焙的茶叶结晶则会附着在出风口上方。咖啡因结晶在制茶过程中比较容易观察得到，成茶后因茶干翻动，结晶便不会再附着在茶干表面。古人焙茶时，有个说法是，只要起狗毛，茶就可以翻了。这个狗毛，指的就是咖啡因结晶。没经过这道精制手续的茶汤比较刺激，精制后咖啡因升华的茶汤则较为醇和。

茶叶要讲求外形吗?

看外形还是看外观?

选好茶,重点在看外观而不是看外形,是否有表示制程完整良好的「砂绿白霜」?是否有表示发酵完整的「三节色」?

茶叶的外形种类众多:如只采摘极为细嫩的茶芽的碧螺春(绿茶)与金骏眉(红茶),外形细小如针;龙井形状扁平且直;文山包种、武夷岩茶与凤凰枞单枞则呈条索状;冻顶乌龙呈半球状;铁观音呈球形;红茶呈条索状或碎片状;黑茶则多压制为砖、饼、坨等形状。

茶叶外形的形成受采摘成熟度与加工过程影响,并会随着加工工艺的发展而变化。例如传统的冻顶乌龙茶(半球形包种茶)原本只比文山包种茶(条形包种茶)较为蜷曲紧结,但随着制茶机械的演进,如今台湾产冻顶乌龙或是台湾人在东南亚或大陆投资生产的冻顶乌龙,外形上均已转变为球形。

■ 不同茶种的外形要求并不相同

茶叶质量是不是可以借由外形来判断呢?这是许多爱茶人想进一步探究的问题。但在解释外形与质量的关系之前,首先得了解不同茶类的采摘标准及审评标准,才有可能从茶叶外形进一步推敲成品质量的优劣。

比如说,大陆生产的金骏眉与日月潭生产的红玉,同为红茶,但因品种特性、采摘方式的不同,有截然不同的外观、香气与滋味,因此在审评时,不能够混为一谈。

金骏眉以仿碧螺春的采摘方式,单采新芽;红玉采摘带新芽的一心二叶或一心三叶。制造金骏眉使用的小叶种茶树,新芽上带有大量的毫毛;红玉则是大叶种茶树,茶芽上不带毫毛。

● 制作良好的茶干,无论是条形或球形,因内含物质丰富,手握都有沉重感。条形茶握起来较扎手,球形则不要太紧结,色彩丰富,黄绿、墨绿、红色同时并存,才是好茶。表面油光,呈现墨绿,过度紧结的则不是好茶干,多半萎凋不足且苦涩。

金骏眉的成品外观是金色夹杂深褐色,有别于红玉黑褐色条索工夫红茶给人的印象。因为采摘叶位的不同,可以很明显地知道,这两种茶在鲜叶内含物质的组成上就已经有了很大的差异,因此香气与滋味的呈现更是大相径庭。所以,如果某些自称茶叶专家的人将这两种红茶拿来比较优劣,那就得小心可能会落入购买陷阱了。

以生产半发酵茶的台湾来看,又要怎么从外观上来分辨质量的优劣呢?文山包种茶、冻顶乌龙茶、高山茶、东方美人茶这几种台湾主要生产的茶类,除了东方美人茶是采摘遭小绿叶蝉吸食后产生生理障碍的嫩芽叶以外,其他茶类都是采摘对口的一心二叶或一心三叶。

在成熟度合适的情况下,茶叶叶肉较厚实,不易揉捻成很紧密的条索状、半球状或球状,外观不及嫩采的茶叶揉捻后那么紧结,相对来说显得不那么美观。嫩采的茶,茶干的色泽为墨绿,而成熟度足够的茶,若制作得宜则表现出黄绿、墨绿等多种色泽。

但是我们都知道,除了东方美人茶,半发酵茶的茶汤滋味与香气其实要在适当的成熟度下才有发挥的空间。可是,在茶商与比赛茶评审的错误认知与推波助澜下,为了追求外观的美,采摘上越来越靠近嫩采,使得茶的香气滋味每况愈下,连同茶树也迅速衰老颓败,不需几年的光景,又得重新栽种,或是另辟新茶区,间接造成了土地的滥垦滥伐。

■外形差异对茶汤风味的影响

半发酵茶在杀菁过后，紧接着用望月型揉捻机进行揉捻。过去因为对茶叶外形的重视程度不够，杀菁后的茶叶（俗称"茶臊"）是直接揉捻，会产生较多碎末，揉捻后的外观也不紧结。但现在台湾多数的乌龙茶加工，在揉捻之前会仿造东方美人茶的操作方式，先用不透气的容器闷上数分钟，让杀菁后的茶叶回润返潮，这样茶臊才不会因为含水量过低，在揉捻机的压力作用下产生太多碎末，从而可以得到较佳的外形。

而条形包种茶的毛茶，在茶菁经由适当地揉捻后进行干燥，水分减少至一定含量以下时，便完成了。然而现在多数的条形包种茶，为了揉捻出较为紧结的条索，在杀菁时往往保留了过多的水分，也就是炒菁不够熟透。杀菁不足的茶菁含水量较高，揉捻时借助残余水分作用较易成型，有助于条索更为紧结。

用上述的方式操作，虽然有较好的外观，炒菁不足的茶却带有一股菁味，而部分酶未完全借由高温杀菁终止活性，如果后续的干燥工序没能做到实时，酶活性增加，会进一步改变茶的品质，使其失去包种茶的品质特征。即便做到了实时干燥，用杀菁不足的茶叶制作的茶，冲泡后的茶汤暴露在空气中，原本蜜绿、蜜黄的汤色也会很快转为红色。

需要团揉工序的半球形包种茶与球形包种茶，比条形包种茶耗费更长的做形时间。团揉到干燥的后半段流程，往往耗时12个小时以上。在反复的"包揉"与"解块"循环中，如果杀菁不足，酶的活性会提高，使茶汤红变，与未炒熟又未实时干燥的条形包种茶的结果如出一辙。

未炒熟的茶菁，就算外观呈现紧结的条索或颗粒，还是无助于香气与滋味的形成。茶叶的香气与滋味，早在采摘当天至隔天的日光萎凋、室内萎凋与搅拌、大浪、静置发酵与炒菁阶段就已经定型。缺乏完整工序的茶臊（炒菁叶）是绝对不可能通过揉捻或长时间的团揉就成为高级品的。

现在高山茶的制作，往往为了配合第二天团揉工序的进行，提早炒菁，压缩

① 三节色

做菁的时间，做出的成品往往带有菁味，过于苦涩，缺少半发酵茶所应该具备的花果香味与甘甜。

文山包种茶以清香著称，冻顶乌龙与铁观音以滋味取胜，其风味不同的主要原因在于团揉工序的有无。早期团揉工序均是人工操作，要求也不一样，所以半球形包种茶（乌龙）与球形包种茶（铁观音）在外形上有明显的区别。引入机械加工以后，乌龙与铁观音在外形上已经没有太大的差异。在团揉的过程中，长时间反复进行包揉与解块，让香气物质进一步挥发与转变，茶叶内部的化学变化也得以持续进行，这一切造就了条形包种茶以清香、汤色蜜绿或蜜黄著称，而半球形与球形包种茶以厚重韵味、汤色金黄或橙黄为主要特色。

■代表制程完整良好的"砂绿白霜"

由于条形包种茶外形比较松散，同等重量所占的体积比半球形与球形包种茶大，因此运输上较为不利。而且由于它容易因为外力的压迫而产生较多的副茶（碎片及细末），所以对讲究茶叶外形的台湾市场来说，较不讨喜。

虽然鉴定茶叶品质主要以冲泡后的茶汤滋味与香气为标准，但爱茶人在选购茶叶时，从茶叶外观也可以做初步的判断。

不管茶叶外形是条形包种或球形包种，都可以从茶干表面所呈现的黄绿、墨

● 不论是条形包种或球形包种，好的半发酵茶的外观都呈现"砂绿白霜"的特征。茶干在阳光下看时会有一层白雾状的东西，类似青蛙皮。成熟度高的，覆盖面大。这层白霜是咖啡因从茶叶挥发出来时留下的痕迹。

绿、白、红等多种色泽开始观察。随着做菁工艺的不同，不同茶种显红的比例也会有所不同。铁观音茶的茶干显红比例比较高；高山茶是适度发酵茶，所以显红比例较低；绿茶不发酵，若显红就表示制程中有不当的发酵。此外，绿色叶面上的白点是咖啡因的结晶，被称作"砂绿白霜"，是茶叶的成熟度和萎凋都达到一定程度后制程完整、质量良好的表现。若再经过较高温的焙火，咖啡因升华，就看不见白霜了。

半发酵茶类中最注重外观的是白毫乌龙茶。当茶树上的嫩芽叶被小绿叶蝉吸食后，颜色会由绿转黄。通过独特的制程，叶子会有部分转红，嫩梗呈现褐色，再加上嫩芽上白色的毫毛，外观看起来就是名副其实的"五色茶"。如果受小绿叶蝉的危害较轻，或是没有受到小绿叶蝉的危害，茶芽生长正常，这样的白毫乌龙茶菁原料俗称"黑笋"。使用这种原料成品就无法呈现绚丽的五彩色了，外观看来乌黑单一，俗称"黑条"。

从茶叶外观的确可对茶叶质量做初步判定，但任何人试茶，最好还是以冲泡后茶汤的香气与滋味为最终的审评依据。毕竟，这才是品茶的重点，不是吗？

● 茶菁原料受小绿叶蝉叮咬的程度，会忠实表现在白毫乌龙茶的外观上。吸食程度越重的，颜色越丰富，呈现五彩斑斓的色彩，茶汤滋味也越香（左图）；吸食程度轻的，茶干颜色乌黑单一。

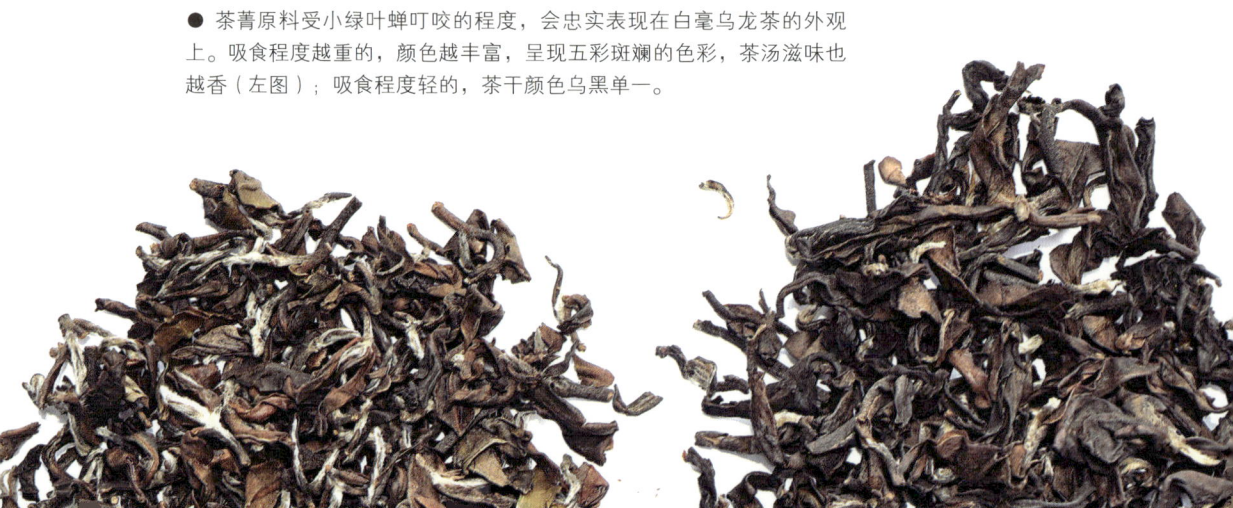

从汤色判断茶的品质

使茶汤变苦涩的「积水红」

茶菁成熟度够，发酵程度足的茶汤，汤色多半澄澈透明，从蜜绿到琥珀色都有可能。而过度嫩采、发酵不足的茶汤，容易产生混浊的「积水红」。

●从蜜绿到琥珀，都是乌龙茶可能有的汤色。茶汤的色泽取决于采摘成熟度与加工方式，色泽与滋味虽然有关，但不宜以汤色直接判断品质。是否澄澈才是观察的重点，制作良好的茶叶，汤色必然澄澈。

茶叶依制造方式的不同，可分为"绿、黄、白、青、红、黑"六大茶类；所谓的"绿、黄、白、青、红、黑"，明确指出了各种茶类基本的茶汤色泽。汤色是判断茶叶品质的一个方式，不同的茶类对于汤色有不同的审评标准。半发酵茶类中的青茶，因为粗制与精制手法的不同，汤色差异最大。

茶汤颜色的形成，主要来自茶叶中的叶绿素、类胡萝卜素、花青素及花黄素（黄酮类）和通过制造加工形成的茶黄素、茶红素、茶褐素。对半发酵茶来说，蜜绿、蜜黄、金黄、橙黄、琥珀、橙红都是可能的汤色。影响汤色最重要的物质，可以说是多酚类物质中的儿茶素的氧化产物。茶叶内含有的儿茶素类物质有许多种，原本儿茶素类物质溶于水中并无颜色，但不同成熟度的茶菁有不同的儿茶素组成比例，通过加工制造，会形成不同比例的茶黄素与茶红素，茶汤的颜色也会随之有所不同。红茶制作要求采摘嫩芽叶，青茶制作除了白毫乌龙外，其他均要求采摘成熟的对口叶，其中的原因之一，就在于适当的成熟度才能满足对汤色的要求。

■汤色深未必发酵程度就高

儿茶素类物质的氧化产物种类众多，氧化产物的颜色差异也很大，茶黄素、茶红素及茶褐素所带来的汤色可以明显由字面解读。这些氧化产物会随着发酵作用进行，颜色由黄转红、由红转褐。不过，对青茶的研究表明，儿茶素类物质尚有其他的氧化产物——聚酯型儿茶素（theasinensis），或称双黄烷醇（bisflavanol），由两个儿茶素类分子氧化聚合，在茶汤中仍为无色。

一般而言，红茶制造时发酵作用剧烈，具有刺激性的多酚类物质会形成较为鲜爽的茶黄素或甜醇的茶红素，加深茶汤颜色。而青茶（半发酵茶）制造时发酵作用和缓，发酵过程中儿茶素类物质会形成中间产物"醌"（o-quinones），一部分氧化，一部分还原，因此颜色会较红茶浅，构成了半发酵茶特有的汤色。所以，虽然同样都是发酵，但一个剧烈，一个和缓，在叶内产生的化学变化也就不一样，会产生截然不同的汤色。

汤色的深浅，与制作时叶内组织的破坏程度也有关。红茶是先揉捻再发酵，

① 碧绿茶汤下，多半隐藏着稚嫩的菁气与苦涩的滋味。好茶的茶汤汤色表现是蜜绿、浓稠，有油光。
② 过嫩的采摘与不当的制作过程令汤色红褐泛青且混浊暗沉、滋味苦涩、香气混浊，俗称积水红。

①　　　　　　　　　　　　　　　②

青茶则是先搅拌再发酵，但红茶叶内组织破坏的程度比青茶严重，所以汤色更红。另一个例子是白茶，白茶发酵前并不揉捻，且发酵时间长，因此发酵程度虽然很高，但茶汤却呈现淡色。因此，以青茶来说，汤色蜜绿或蜜黄的茶，发酵度未必比金黄或橙红色茶汤低。

半发酵茶制造的实务经验也告诉我们，成熟度低的茶菁原料反而容易制作出偏红的汤色，而成熟度高的茶菁制成的茶，汤色则不怎么红，这也是半发酵茶的制造对茶菁成熟度要求极为严格的原因。

■嫩采是造成"积水红"的主要原因

虽然好几个制作环节都有可能导致茶汤呈现红色，但最根本的原因还是茶芽被过度嫩采。成熟度低的茶菁，叶肉组织脆弱，水分含量高，很容易因为外力破坏而无法顺利"走水"，日光萎凋不容易操作，稍有不慎就会因为强烈的日照而红变，所以萎凋不足的情况很常见。在萎凋不足的情况下搅拌，很容易因为力道过大而产生"积水"，如此便会导致发酵作用不完全，继而产生红变，茶汤色泽偏红，味道苦涩，这就是"积水红"。因此多数嫩采的茶菁，为了保持茶汤颜色不红，就不搅拌。但在不搅拌的情况下，酶的发酵作用无法启动，最终就会导致发酵不足、茶汤青涩，香气也无法形成。

● 经过团揉后的茶叶如若杀菁不足，会导致色泽暗绿，枝梗断裂脱皮，冲泡后茶叶舒展不开，滋味也必定苦涩。

酶的活性会随着萎凋进行时水分的减少而逐渐提高,因此萎凋过度的茶菁,由于酶的活性提早达到高峰,发酵作用剧烈却不持久,容易形成"死菜",也会导致茶菁与茶汤转红,滋味淡涩,香气也不佳。

　　嫩采的茶芽,因为水分含量高,在炒菁的时候不容易炒熟,导致在团揉过程中,在温度与压力的双重作用下,残余的酶会继续进行发酵作用,使茶汤转红。有些不明就里的茶老板责怪团揉师父为何将茶做红了,但原因其实出在其他制程操作不当。炒不熟的茶,因为所含的果胶质未被固定,于是具有黏性的果胶质,在团揉时会紧紧黏结,使得茶叶不易解块,毛茶做好后,会看见很多大颗粒的茶球,或是当茶叶在碗中泡开时,叶肉无法舒展。杀菁不足或杀菁后未马上进行干燥的茶臊,容易见到红梗或红蒂,主要都是酶的活性没有在杀菁时完全破坏的缘故。

　　春冬两季,因为平均气温较低,日照较为和缓,酶的活性不容易提高,所以做出的茶汤色金黄,但也常见发酵不足、汤色青翠碧绿的不良品。夏季,因为气温高、日照强,萎凋不容易掌握,所以容易做出偏红的汤色。过去乌龙茶讲究叶底"绿叶红镶边"或"三红七绿",事实上也可做到"五红五绿"或"七红三绿"。显红越多,发酵程度越高,香气越内敛,茶汤便越醇和。茶汤具有各种不同品质的滋味、香气和汤色,消费者的喜好因人而异,全凭个人味蕾好恶来挑选了!

茶汤色泽与发酵程度

苦涩的白毫与清甜的包种

茶汤颜色深不表示茶叶的发酵程度较高。选择好茶一定要开汤试茶，口感细致、滋味醇和甘甜，才是茶叶发酵充足的标志。

茶叶的"发酵"研究，是在20世纪60年代开始。20世纪90年代又有多位日本学者投入研究，茶叶发酵机制遂逐步开始被理清。在台湾，"官方机构"或民间人士对于茶叶发酵程度的认定并不相同（见表1），但普遍有一个直接印象，认为茶汤色泽越绿，发酵程度越低，茶汤色泽越黄或越红，发酵程度越高。

表1 台湾半发酵茶类发酵程度认定

茶类	官方	民间	汤色
文山包种茶	8%～12%	15%～30%	蜜绿、蜜黄
高山茶	12%～15%	25%～35%	蜜绿、蜜黄
冻顶乌龙茶	15%～30%	30%～40%	金黄
铁观音茶	15%～30%	40%～50%	金黄、琥珀
白毫乌龙茶	50%～60%	60%～70%	琥珀、橙黄、橙红

可是以颜色来区分发酵程度准确吗？以文山包种茶为例，因为其茶汤颜色呈现蜜绿或蜜黄，所以一直以来被认为是发酵度最低的包种茶类，但其实这是个莫大的误解。过去茶农制作文山包种茶，是以摊菁薄、搅拌轻柔的"消水"制法为主，有别于冻顶茶农摊菁厚、搅拌重的"积水"制法，于是，文山包种茶的茶汤色泽较绿。所以说，一部分加工良好、茶汤颜色较绿的包种茶，发酵程度是可能远高于其他茶类的。不明就里者以绿茶的汤色与发酵度的关系直接套用于包种茶类，其实是非常不科学的方法。

■滋味醇和才是高度发酵茶的特征

许多与茶叶相关的书籍中，都认为白茶发酵度约为10%，然而湖南农业大学施兆鹏教授主编的《茶叶加工学》中，却记录了白茶的儿茶素类氧化程度（即发酵程度）高达70%以上，与以前的认知有很大的差异。一般以为白茶属于微发酵茶，但数据却告诉我们白茶是一种高度发酵茶。用相同的茶菁原料做比较，理论上发酵度越高，滋味就越醇和，刺激性越低。的确，制作优良的白茶，滋味清淡醇和，虽然汤色浅，但味觉表现上确实具有高度发酵的特征。

近年来大陆制作的铁观音，茶汤色泽普遍都呈现蜜绿色，与传统铁观音茶汤呈现金黄色或琥珀色有很大的差异。类似白茶加工方式的长时间萎凋、摊菁较薄、炒菁较熟，以及团揉过程中去红边的特殊加工方式，是现代铁观音普遍呈现蜜绿色的主要原因。传统的铁观音长时间萎凋与重发酵的加工方式，会使叶缘变红，泡出的茶汤色泽偏黄，且带有醇和的发酵味。现今为了使茶汤色泽接近绿色，且香气更为清纯，在炒菁时必须炒得够熟，使叶缘转红的部分因干燥而剥落，加上团揉时"摔菁"的动作，更能分离出转红的叶缘，达到绿汤绿叶的要求。制造良好的铁观音，即使汤色呈现蜜绿，发酵度也不低，能展现出相当醇和的茶汤滋味。

发酵程度百分比，是指茶叶在加工前后，儿茶素类物质减少的百分比。儿茶素类物质在加工的过程中，会产生非常复杂的生物化学变化。茶业改良场前研究员蔡永生先生的实验，证实半发酵茶类通过加工，可溶性儿茶素类物质可能呈现增加的趋势，换言之，就是发酵程度呈现"负值"。

简单来说，用刚采下的茶菁直接杀菁所做的干茶与通过半发酵茶制造工序加工之后而成的干茶，以相同的重量、冲泡方式来萃取茶汤，会发现以不完整的半发酵茶制造工序所做出的茶汤，儿茶素类总量反而比较高，就是这个道理。此外，从味觉感官来感受发酵程度，发酵程度越高，理应越不苦涩，但实验中通过不完整半发酵茶制造工序所做成的茶，却比直接杀菁后做成的绿茶还要苦涩，完全与茶叶发酵的目的相抵触。

所以,"发酵程度"一词,应该被重新诠释,甚至被取消。一个制造过程有许多瑕疵的白毫乌龙,在味觉表现上,绝对比制造良好的文山包种茶苦涩许多。但若就一般认知的发酵程度百分比数字来看(见表1),白毫乌龙的发酵程度却明显高于文山包种茶,因此"发酵程度"无法从滋味上忠实呈现这两种茶实际应有的差异。

■ **汤色与制作过程有关,与发酵度无关**

茶汤色泽与发酵程度的关系实际上比目前大部分文献所述的要复杂许多。多酚类物质中的儿茶素发酵(酶促氧化)是促使茶汤色泽转变的因素之一。针对不同的茶类加工,茶菁的成熟度、加工方式、厂房设施与气候条件都有可能影响茶汤的色泽。

① 茶菁成熟度足够、萎凋和发酵度都足够的茶叶,泡开后会呈现绿叶镶红边的典型特征。② 茶菁成熟度足够的茶叶,虽然叶底会呈现三红七绿的特征,但茶汤依旧为金黄色,并不会红(左图)。反而过嫩的茶菁,制作出来的茶汤很难表现出明亮的金黄色,容易呈现混浊的积水红(右图)。

对半发酵茶类中的包种茶类而言，茶菁成熟度是关键。成熟开面叶中的内含物质能够做出金黄色的茶汤，而过嫩的茶菁制作出的包种茶类颜色大多偏绿或偏红，很难冲泡出明亮的金黄汤色。相似的原理也同样适用于红茶的采摘制作，采摘成熟度高的茶菁原料制成的红茶汤色往往不那么红艳。

在学理上同属包种茶类的文山包种、冻顶乌龙、铁观音及高山茶，即使是采摘成熟度相同的茶菁原料，所制作出的汤色也可能呈现蜜绿、蜜黄、金黄、橙黄、琥珀等各种颜色，主要原因在于半发酵茶在制作过程中，各地的气候条件不同，制茶师傅的做菁方式不同，以及杀菁方式不同或是团揉工序的有无，这些细节都会影响最终茶汤的色泽表现。汤色与发酵程度及茶汤滋味没有绝对的关联，要判断茶叶品质的优劣，汤色能做判断依据的比例其实是相当低的，更该注意的是是否为发酵不足的碧绿茶汤或是积水红的茶汤。但是目前比赛茶的评审却过度注重汤色，误导了茶农及消费者。

所以，我们可以得出以下的结论：

（1）茶汤色泽与发酵程度没有绝对的关联。

（2）发酵度高，茶汤口感就会较细致，滋味醇和；发酵度低或发酵不完整，茶汤口感就会比较粗糙，滋味会比较苦涩。

（3）茶汤色泽会因茶菁成熟度、加工操作方式不同而各异。

（4）应由茶汤滋味判断发酵程度，而非根据汤色。

市面上有许多红茶，打着高发酵度且不伤胃的旗帜贩卖，但是红红的茶汤一入口尽是苦涩，大家都以为红茶是发酵度最高的茶，滋味应该比较醇和，这种苦味的红茶总让人有广告不实的感觉。发酵程度的高低，是由品种、季节、产地与制法决定的。茶菁中苦涩的多元酚类物质含量越高，茶叶的发酵程度理应越高，才能借由发酵作用的力量将苦涩化为甘甜。爱茶人买茶，应该用心体会茶汤所带来的各种味觉反应。制造工艺越精良、发酵越完整的茶，滋味必定越甘甜。

了解叶底与品质的关系

叶底,茶的履历表

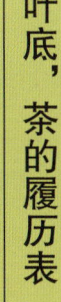

叶底可以看出茶树的品种、成熟度、产地、茶树年龄与树势及制作方式等关乎茶叶本质的条件,可以说是茶叶的履历表。

许多茶行老板到茶园买茶时,标准动作都是把茶叶泡开,一叶一叶地挑着叶底,仔细审视。究竟从叶底中可以看到什么?叶底告诉了我们关于茶叶的什么故事?其实,叶底可以说就是茶的履历表,除了能由叶子的形态看出茶树品种、采摘成熟度、采摘方式、制造方式、加工技术优劣与焙火程度,经验丰富且对茶树生态了如指掌的人,甚至可以由叶底归纳出茶数的生长环境、栽培模式等更为深刻的茶叶本质。

■第一步　先看品种

看叶底,第一步先观察叶片形态,最基本的可以看出茶树的品种。但要注意一点,无性繁殖(扦插或压条)的茶苗,若种植在不同的地方,会因为生长的气候条件不一样,而发展出不同的叶片形态。同一株茶树,因为叶片着生位置不同、新梢发育先后有异,因而接受到的日照、水分与营养供给不同,叶片形态

● 各色品种的叶形、锯齿、叶脉不同,经验丰富者可由叶底看出品种为何。

也会有不同的表现。识茶人需要对茶树的生理特征与生态环境有正确的认知与丰富的见闻，否则很容易因为同品种茶树叶片的形态不同，产生"掺茶"的误解。如果有机会到茶山一游，不妨细心观察，茶树树冠处的枝条与两侧低矮处的侧枝，它们的新梢叶子的形态是不是有差异？如果有机会去各地茶区参观，可以注意观察同样的品种在不同地区的叶片形态是什么样子的，就能对茶树的叶片形态有更多的理解。

■第二步　看成熟度

叶子的成熟度是半发酵茶制作环节中相当重要的一环。泡开后的叶底是开面叶占多数，还是带芽嫩叶占多数？必须是开面叶这般成熟度高的叶片，叶片内含物质多，才可以制出符合半发酵茶特色的，滋味和香气丰富多元的茶汤。

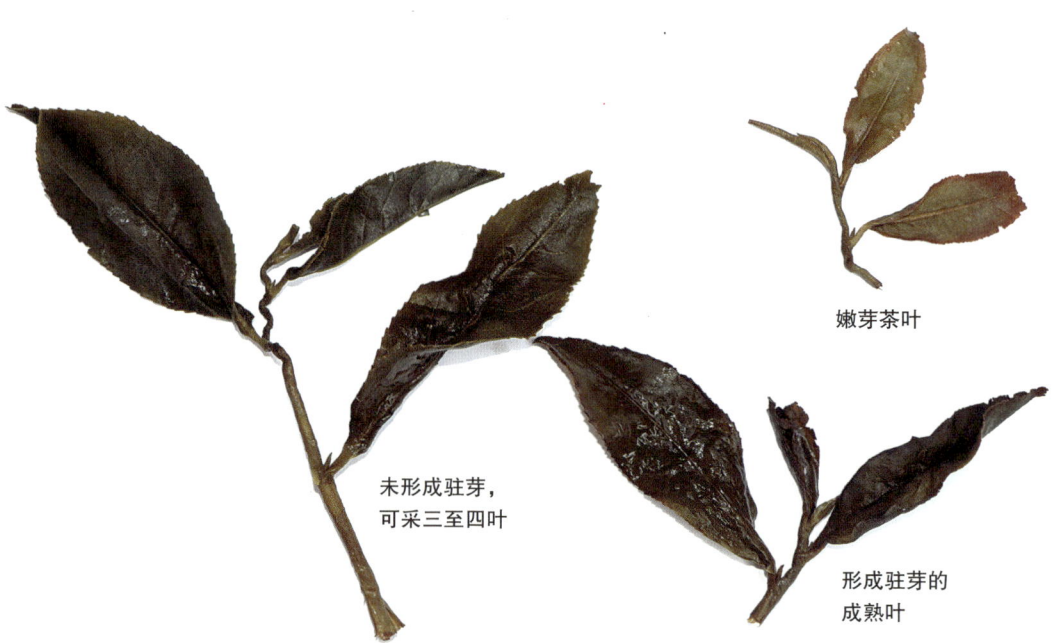

嫩芽茶叶

未形成驻芽，可采三至四叶

形成驻芽的成熟叶

● 原料的成熟度是判断半发酵茶香气与滋味的重要线索，成熟叶的叶底较大、较厚，不成熟的茶菁带心，较小较薄，也较软。

■ 第三步　看产地

　　茶树生长的自然环境原本就各异，再加上人为管理的方式不同，使得茶树的发育会表现出地域性的不同，这些都能从叶底特征看出端倪。茶树不同枝条上的新梢，在叶形上便有所区别，那是不同的微气候因素，如日照强弱与长短以及来自枝条与土壤的营养供给不同所造成的。以这些因素解释大规模的产地特性，便可以从叶底归纳出茶叶的生长季节、生长时的日照长短、雨量多寡、茶园有无遮荫、茶园坡向、肥培管理方式等更基础的生态条件。

　　举例来说，同样的品种，在日照长、气温高、湿度低的环境下，茶树为了减少水分的蒸散，叶面积会较小，叶组织比较容易纤维化，叶肉较薄；而在日照较短、气温较低、湿度高的环境下，叶组织则不容易纤维化。在日照充足的条件下，叶片的成熟度足够，光合作用产物充足，有利于叶片内其他物质的代谢合成；在茶园内有较多荫凉、日照不足的情况下，叶面积会扩大以获取更多阳光，使光合作用顺利进行。还有，在高温多雨的夏季，土壤湿度高、叶片的水分蒸发量高，茶树在获得大量因蒸散作用传输至新梢的土壤无机盐类后，容易抽长新梢，因此节间相对较长。同理，在大量使用肥料的茶园，茶树的新梢也会呈现相同的生理反应。

■ 第四步　看茶树年龄

　　叶底也能反映出茶树的树龄与树势。茶树幼苗长势旺盛，叶面积相对也比茶树成木或衰老茶树的叶面积大，这能作为了解树龄、树势的参考，当然并非绝对。毕竟，叶底和茶园管理（肥培、采收等）方式也有关系。如果有机会走进茶山，不妨观察一下不同主人的茶园。在相同的产地条件下，同一品种，叶片较大者，表示该茶园的茶树比较强健；若树龄还小，叶片却提早呈现衰老茶树的特征，就表示茶园管理上出了问题。衰老或树势衰败的茶树，每每进入秋天，就会大量开花结果。

● 萎凋程度适度与否、杀菁程度足不足够、搅拌的力道或轻或重，从泡开的叶底便可以清楚地看出来。杀菁不足的叶底，揉捻之后叶底会较软烂，且叶与梗脱离，梗会脱皮（左图）。杀菁足够的成熟叶，叶底的叶形完整，茶汤明亮（右图）。

■ 第五步　看采摘

机器采收的茶，通常带有规则的破裂面，且因多数机采茶均经过机械筛选，梗的比例相对会比较少。如果是人工采收的茶，即便经由团揉加工（枝梗被叶肉包覆）以及人工拣枝的工序，泡开后仍有较多枝叶连理的叶底特征。

■ 第六步　看制作方式

制作方式与制作工艺的优劣差异，将使叶底呈现不同的外观与色泽。半发酵茶类中的包种、乌龙、铁观音标榜"绿叶红镶边"，也就是叶子的边缘因为发酵作用会呈现鲜艳的朱红色。

目前市场上的茶叶，手法的不同，包种茶与高山茶叶缘锯齿略红，乌龙茶、铁观音及岩茶叶底则呈现"三红七绿"的特征。红边的比例与制造过

● 萎凋不足的茶汤呈现碧绿色，炒菁不足则汤色红浊，制作工序完整的茶汤则应金黄澄清。

程中的萎凋、静置与搅拌、发酵等工序相关。若是茶菁成熟度不足或在加工过程中因萎凋过度、不适当地搅拌或外力损伤叶片，便容易引起茶叶不正常的褐变。褐变与经过良好工序制作、因为氧化所产生的红变有截然不同的品质表现。

目前台湾市场上的包种茶与高山茶，由于过度嫩采，如茶叶形成镶红边的特征，则茶汤会偏红。发酵会让红边以外的叶面，因为叶绿素与类胡萝卜素在加工过程中分解，使得茶菁由刚采下时的浓绿色转为黄绿色。若泡开后的叶底呈现青绿色，多半出自草率加工的制造工序或氮肥施用过度。制程掌握得当，泡开后的叶子便能够完整舒展，呈现柔软光滑、富有活性的外观。但若是毛茶经过焙火，焙火程度越高，茶叶越不易舒展开。

■ 第七步　看焙火

茶叶是否经过焙火加工，可由叶底呈现的色泽分辨。半发酵茶区将焙火分为五种程度，经过不同程度焙火的叶底，分别表现出毛茶原色、暗绿、暗黄绿、暗褐等色泽。这样的色泽差异来自不同温度下叶组织产生的不同程度的褐变。焙火程度的高低会直接影响茶汤的色泽、滋味与香气。茶叶是否适合焙火，则取决于毛茶的本质。焙火程度的高低未必与质量有直接关联。

茶树为了克服各种生长逆境，会调整自身的生理活动去适应环境。影响半发酵茶质量的茶园生态条件、茶园管理方式、制茶天候和加工工艺，除了从叶底可略知一二，从茶汤的香气与滋味上更是可以明确地加以分析评判。

　　看叶底是一门需要对茶叶制程及生长环境有完整认识的学问，但坊间不时有江湖术士以不完整的甚至是错误的观念教导人们识茶，最常听闻的就是"掺茶"一说，当叶底大小、老嫩、色泽不一或叶形略有差异，就不明事实地直接认定这是"掺茶"或"混茶"，这真是令被诬赖者情何以堪。

　　喝茶除了品味茶香，更是与土地、自然亲近的一种方式。只有在茶中不断磨炼自己的感官，多多走访茶山、理解制茶的道理，不人云亦云，才能成为真正专业的爱茶人。

Chapter 3

清香、鲜爽、浓郁、醇和

认识各类乌龙茶

文山包种茶

百年基业奠定的清香茶汤

坪林，这个早期台湾北部最大的茶叶集散中心，自19世纪末开始制茶起，长久以来都保持着优良的产销模式。在台湾外销红、绿茶的时代，坪林茶区并未盲目追随外销市场的脚步，而是仍坚持原有的路线，以消水法制作香气清雅的茶汤。如此具有特色的半发酵茶，百年如一日，在市场上屹立不倒。但如今，以文山包种茶闻名的坪林茶区，却潜藏着极大的危机。

大部分人将坪林茶区的没落，归咎于北宜高速公路的开通，把大量消费者带往台北宜兰，或是认为高山茶的兴起瓜分了包种茶的市场。其实，这两者都不是包种茶危机产生的真正原因。

以消水法制作的包种茶是大文山地区茶叶的主要茶种，香气清雅高扬，但过度追求外形已经成为当今包种茶的致命伤。

● 文山包种茶向来以清香取胜，在追求茶汤鲜爽活性的同时，不应遗忘其甘醇的滋味表现。汤色蜜黄、茶干扎手，这才是文山包种茶的最高表现。

■ **墨绿紧结的茶干，少了香气只剩苦涩**

台湾茶市场很长时间以来是由比赛结果决定茶的制作走向的，从而导致了台湾茶叶产销机制的畸形。比赛茶评审喜好茶干外形紧结，茶农为了迎合评审喜好，想在比赛中获得好名次，往往采摘过嫩的茶菁，并且制作时杀菁不足，以做出墨绿色、条索紧结的茶干。

稚嫩的茶菁组织柔软，杀菁不足的茶膘含水量高。这样的采制法在揉捻阶段容易成型，外形较美。如果茶农采摘的是比较成熟的茶菁，则这些成熟的叶制成成品时会呈现黄绿色。为了参加比赛，就得将这些黄绿色的叶片剔除。杀菁适度制作出的茶干也是呈现黄绿色，但这些能充分表现包种茶优良特质的颜色与外形不受评审的青睐。如今，多数的包种茶空有美丽的外表，可实际开汤冲泡后，却是转化不足的香气与苦涩未祛的茶汤。过度地

● 杀菁不足所造成的茶汤混浊，普遍存在于包种茶区，是造成包种茶市场不断萎缩的祸首之一。

● 石碇茶区位于翡翠水库集水区的石碇湾潭附近，茶园风光与水库的湖光山色交相辉映。

追求外形，已经成为当今包种茶的致命伤。而这样的怪象，在台湾各地的高山茶比赛中比比皆是。

茶芽嫩采，对于茶树长远的管理来说是个大忌。坪林地区的茶农又倾向于使茶树矮化，树冠的高度往往不及一个成年人的膝盖高度。被过度矮化的茶树由茶树的粗壮枝条长出不定芽，这样的不定芽萌芽数少，茶芽易徒长。坪林因地势关系，多是陡峭的茶园，被过度矮化的茶树树冠太小，不仅无法遮蔽土地，更容易有土石冲刷。茶农认为这样的管理能得到质量较好的茶菁，殊不知却大大地降低了单位面积产量，且容易让茶树提早衰老，减

● 过度被矮化的茶树，树势衰弱，单位面积产量低，对茶农收益与茶园生态来说，是双输的操作模式。

少其经济年限。衰老的茶树必须铲除重新栽培，这样的反复重新栽植会破坏茶园的生态系统，不符合有机栽培的概念。近年来坪林地区积极发展有机茶生产，就生态保育还有维护集水区水质来说是件好事，应该能带领包种茶走出一片新天地。可是以当前坪林茶园的管理方式来看，茶树过度矮化与过度嫩采的机制却违背了有机栽培的宗旨。

有机栽培从某种层面来说是一种回归传统的耕作方式。期盼坪林的茶农能采用古代的工艺技术，遵循早以奠定的半发酵茶工序，让记忆里清香又回甘的文山包种茶重新出现。

回归传统的甘醇茶汤
冻顶茶与红水乌龙

20世纪80年代左右，冻顶茶刚崛起不久，高山茶也在此时开始崭露头角。在比赛茶评审的推波助澜下，冻顶比赛茶失去了初始时以滋味为重的路线，朝高山茶清香型的路线靠拢。当时茶艺界的季野先生有感于古典冻顶茶的式微，提出了"红水乌龙"一词，意在恢复冻顶茶的古风。30年过去了，清香型高山茶仍旧是市场主流。部分爱茶人士认识到现今市面上的高山茶喝多了伤胃，于是开始追求茶汤细致温和的乌龙茶，这时，红水乌龙才再度被提起。

红水乌龙的本质究竟是什么？最简单的解释就是用20世纪80年代以前的做法制作的冻顶茶。那么20世

传统的冻顶乌龙，采摘成熟的对口叶，制造工序较为完整，毛茶的茶汤呈现金黄色，焙火后的茶汤呈现橙红色。简单地说传统冻顶乌龙采用的是一种重发酵、重焙火的茶叶制造方式。

● 制作手法与北部包种茶区迥异的冻顶型乌龙茶，金黄色的茶汤比包种茶汤颜色稍重，滋味柔顺回甘。

Chapter 3 清香、鲜爽、浓郁、醇和

● 冻顶茶区因为坚持手采，无法降低成本，又缺乏海拔高度的优势，因此在高山茶与境外茶的压迫下，逐渐失去了舞台，冻顶坪上的许多茶园均已废耕。其实，不仅是冻顶，台湾许多中海拔高度的茶园都面临同样的情况。

纪80年代以前的冻顶茶究竟是怎么样的风貌，和现在的冻顶茶有何不同呢？

■夏红水冬金黄，传承乌龙茶古风

早年的冻顶茶，茶园不使用过多肥料，采摘成熟的对口叶，制造工序较为完整，毛茶的茶汤呈现金黄色，焙火后的茶汤呈现橙红色。简单地说，冻顶茶的制作使用的是一种重发酵、重焙火的茶叶制造方式，但是最重要的环节，还是在茶菁的成熟度与毛茶制造工序的掌握上。

乌龙茶这种半球形包种茶的制造方式是由王德与王泰友两位大师[1]传授至中部名间及冻顶茶区等地的。名间茶区虽然海拔不如冻顶高，但是有比较好的制茶环境，制作出的茶香气往往胜过冻顶。冻顶茶区腹地小，制茶空间较狭隘，制作时容易萎凋不足，毛茶汤色较红，滋味略带苦涩，香气也不及名间茶清香。这两

---

[1] 王德、王泰友皆为福建安溪制茶师，约于1937—1939年之间来台，将安溪铁观音的布球制茶法传至南投名间等地，包种茶才从原先的条形逐渐转为球形。

● 名间茶区在产业变迁的洪流下，找到了自己的生存法则。质量良好的茶菁，以机采降低采收成本并实行产制分离，以保障制程质量，让名间的茶叶价廉物美，今日依旧欣欣向荣。

个地区所产的茶，茶农加以焙火修饰后贩售，是早期冻顶茶的样貌。

后来高山茶的崛起改变了冻顶茶原本发酵程度较高的制造方式。当冻顶茶往轻发酵的"绿水"制造方式靠拢后，不仅茶汤滋味变得更苦涩，香气也与传统的冻顶茶有了很大的差异。

"回归传统的发酵式'红水'乌龙制程"，季野先生曾明确地以文字这样记录。现在有许多茶农感受到市场的变化，回过头来学习制作传统的红水乌龙茶，但大多数人仍犯了茶菁采摘成熟度不足、萎凋不足、发酵不足的通病，虽泡开的茶汤也是红色，但却是"积水红"。这样的茶汤香气混浊、滋味苦涩，过度强调焙火的重要性，与传统冻顶茶的原貌还有一段距离。

制作发酵度高的红水乌龙，取夏季的茶菁是最为合适的。夏季的高温与长日照，使茶菁原料含有大量的多酚类物质，并带有一股燥热的夏茶味。要是拿这样的原料制作轻发酵的包种或乌龙，不仅茶汤苦涩，香气也不讨喜。不过，只要制造工序掌握得当，夏季的高温其实有利于促进茶菁的萎凋失水与发酵作用，制作出的茶汤色泽相对偏红，正是名副其实的"红水乌龙"（在气温较低的春、冬季，茶汤则偏向金黄色）。

Chapter 3　清香、鲜爽、浓郁、醇和

随着小叶种红茶热的兴起，与其一窝蜂地随之起舞，倒不如回归传统，制作古早味的冻顶茶。如此不仅能走出茶农自己的特色之路，还可以避免嫩采对茶树的伤害，维护茶区的生态平衡。爱茶者喝了用这样精湛的工艺制作的茶汤，也没有肠胃不适的困扰，如此才是茶产业永续经营之道。

消失的番庄乌龙与新兴的红乌龙

番庄乌龙与红乌龙

台湾茶自外销起开始崭露锋芒，主要销售对象是欧美人士。从前贩卖物品，不成文的规定是买方得自备容器盛装，虽说台湾茶在茶山时会用布袋先行包装，但外销时会将茶叶装入洋人提供的木箱，根据谁买就是谁装的说法，台湾乌龙茶卖给了洋人，所以有"番庄乌龙"这一名词出现，而茶农便被称为"番庄"。

外销时代对番庄乌龙的分级相当具体，一般来说，较低档的称为"粗番庄"。后来，台湾内销茶市场开始蓬勃发展，早期以冻顶茶最著名，为主要商品。不过冻顶茶和番庄乌龙相比属于轻发酵包种茶类，有些已习惯于饮用番庄乌龙的日本人，发现在内销茶市买到的都是轻发酵的冻顶乌龙，认为货样不符，再与台湾

台东县鹿野茶区新兴的红乌龙制作，因为兼具乌龙茶与红茶的部分制造流程而独具一格。制作良好的红乌龙有着滋味甘醇、刺激性低的浓厚茶汤，能表现出熟花香、熟果香、蜜香等香气。

● 红乌龙的诞生要归功于茶业改良场台东分场的技术人员。制作良好的红乌龙汤色红艳，滋味甘甜，让海拔不高的鹿野茶区走出了一片新天地。

茶商比对样品,才发现原来想要的是早期外销欧美的番庄乌龙茶。那种乌龙茶,无论外观、发酵程度、香气滋味皆与现在的冻顶乌龙大相径庭。为免混淆,日本人特地给了它一个新的名字——红乌龙。不过红乌龙的名字只用了短短一两年,就不再使用。

番庄乌龙究竟是什么样的茶?外销时代的两大半发酵茶是乌龙与包种,其中以乌龙的发酵程度较高,发酵度几乎与东方美人接近(参见16页)。其实,当年番庄乌龙共有20个品级,最高级品的茶菁就是正港的东方美人——原料是小心小叶,著蜒率高;采用的茶菁愈粗大,等级也愈低。当年制作番庄乌龙的晒菁、搅拌工序,几乎和现在制作东方美人一样,产区也集中在桃竹苗一带。若材料较细嫩,茶农会用心制造;若材料质量差,茶农往往粗制滥造,由此而得的便是"粗番庄"。番庄乌龙的晒菁程度重,搅拌、浪菁也重,会浪到全叶几乎转红,外形方面是用捅球机打成半球,最后精制焙火的程度也高。

另有一种被称作"半头青"的番庄乌龙,焙火轻重均有,也是重萎凋,但浪菁较轻,茶叶半红半绿。这种茶对原料要求严格,要求茶菁有著蜒。

粗番庄现已不再生产,但半头青在新竹北埔内销市场仍可见到。质量优良的半头青与粗番庄发酵度高,弥漫着一股蜜香。

● 台东鹿野地区因日照长、气温高的先天特性,适合制作重发酵茶类,考验的是制茶人的耐心与技艺。

■兼具乌龙与红茶制程的红乌龙

近几年在台东县鹿野茶区新兴的"红乌龙",有别于过去红乌龙即是番庄乌龙的代名词,是一种制作方式与番庄乌龙截然不同的茶。红乌龙由茶业改良场台东分场研究发表,适合台东气候。

台东鹿野茶区纬度低,平均气温比中部山区高,早春与晚冬季节制作的包种茶类质量相当优异,夏秋季因为高温、长日照的气候特性,茶菁原料中含有大量具苦涩味的多酚类物质,制作的乌龙茶质量不佳,价格也不好。气候怡人的台东,茶树生长旺盛,一年若只采收早春和晚冬茶,夏秋季留养不采收,那么,一则茶农收益不佳,二则从事采茶的劳动人口工作机会也减少了,因此,若能采收夏秋季的茶菁制成红乌龙,对茶农来说是一大好事。

台东地区的红乌龙制作,因为兼具乌龙茶与红茶的部分制造流程而独具一格。这种乌龙茶菁成熟度可以为已形成驻芽的开面叶,也可以为带芽嫩叶。为了让红乌龙达到理想的发酵程度,初期萎凋工作必须彻底执行,夏季高温的气候正好有助于茶菁的萎凋失水。萎凋过程类似于包种茶与乌龙茶的制造,在反复静置与搅拌交替中,让茶菁的水分散失,内含物质转化。最终的搅拌工序力道要重,静置时间也要长,如同乌龙茶的大浪与静置发酵。最后,将茶菁以红茶加工方式进行揉捻,做彻底的破坏,揉捻后的茶菁继续静置发酵,待菁味退去后再进行干燥,毛茶就此完成。

制作良好的红乌龙,有着滋味甘醇、刺激性低的浓厚茶汤,能表现出熟花香、熟果香、蜜香等香气。原本苦涩的茶菁原料,通过制茶人用心的对待,以柔和的橙红色茶汤来回应他们的付出。

不管是过去用来代替番庄乌龙所指的红乌龙,还是现今台东新研发的红乌龙,二者虽然制造方式不同,精神内涵其实相符,考验的都是制茶人的耐心与技艺。只要爱茶人将饮茶的焦点放在茶汤的滋味与香气,而非茶汤的色泽、茶干的外形与叶底的色泽上,相信他们在新旧两代的红乌龙茶汤中就都能获得满足。

东方美人

产在高热夏季的极品茶

2011年台湾举办了首届东方美人茶比赛。在那一次比赛中，来自桃竹苗一带磨刀霍霍的茶农与茶商齐聚，在主办单位所举办的标售会中，特等奖以每台斤56.8万元新台币（约合每千克19.2万人民币）的惊人价位得标。究竟东方美人茶是怎么在市场上崛起的呢？为什么会有这么高的价位？当我们想抛开东方美人那高价的比赛茶印象时，你是否知道当年三箱总重四十五千克的东方美人，就可以换一栋"楼仔厝"（四五层的小楼）！东方美人，果真是爱茶人心中至高无上的追求，耗费千金也想一尝啊！

白毫乌龙是主产在桃竹苗地区，采摘夏季被小绿叶蝉叮咬后的青心大冇嫩叶，以重发酵方式制作的乌龙茶。整体的外形因白、绿、黄、红、褐五色交杂，也被称为『五色茶』。

● 东方美人茶，全靠辛勤的茶农细心地将幼小的茶芽自树上摘下，通过制茶人的双手，让不起眼的芽叶幻化为世界上独一无二的蜜香甜水。

● 外销市场没落后的老田寮茶区，靠着独特的东方美人茶，在市场中继续发光发亮。

■ 摇曳生姿的小心小叶

　　一百多年前，洋行在台湾大手笔收购乌龙茶销往欧美，一度为台湾赚进许多外汇，使台湾乌龙茶的称号扬名于世。外销时期的乌龙茶有别于现今市场上的乌龙茶，专指重萎凋、重发酵工艺制成的半发酵茶。

　　东方美人茶的出现，是个意外。在"番庄乌龙"外销最盛的时期，生产外销茶最多的桃竹苗地区，在春茶采收过后的一段时间，"二水"的新芽萌动、新叶初展，正是等待茶叶成熟，以待下次收成的时节。但此时，又恰巧是虫害最肆虐的时节，刚萌发的茶芽被害虫吸食后，茶芽便卷曲不再生长，芽叶又小又枯黄。眼看这一季的收成可能泡汤，辛勤的茶农顶着烈日，抱着姑且试试的心情，把受损的芽叶采下来，将这批原本应该废弃的茶叶细心地萎凋、搅拌、发酵、揉捻，制作成毛茶。洋行的买办一试，"惊为天人"，不仅茶汤甘甜，还散发着浓郁的蜜香，于是以高价收购，并向茶农传达日后要继续收购的意愿。茶农回乡告诉邻人这段奇遇，邻人却认为这茶农是在"椪风"，因此"椪风茶"的称号也就不胫而走。

"东方美人茶"采摘成熟度较嫩的茶叶原料,因为制造后白毫显露,所以又被称为"白毫乌龙"。整体外形因白、绿、黄、红、褐五色交杂,也被称为"五色茶"。造成这个"美丽错误"的幕后推手,就是大家所熟知的"小绿叶蝉"。芒种季节,气候潮湿闷热,正是小绿叶蝉大量繁殖的时节。小绿叶蝉吸食过后的细小茶芽,内含物质产生变化,再通过独特的制造工艺,造就了成品特殊的外观、香气与滋味。当时的英国女王看着水晶杯中纤细娇嫩的茶芽摇曳生姿的模样,为其取名为"Oriental Beauty"(东方美人),真是名副其实啊!

据研究,在台湾的小绿叶蝉,一年可繁殖14代,台湾各茶区全年都有可能发生,其中以五月至七月危害最严重。在大陆,根据气候条件的不同,假眼小绿叶蝉一年可产9~15代。当气温高于10℃时,小绿叶蝉便会进行摄食与繁殖行为,在气温较高的地区,可繁殖的世代数目较多。如果是阴雨绵绵、露水未干或日照强烈的时段,小绿叶蝉的活动力就会降低。此外,环境的区域特性也会影响小绿叶蝉族群在一年之中不同时间的消长。举例来说,在台湾四季分明的地区,夏季

● 几乎不重叠的细嫩茶菁原料,需要在半遮荫的日光下缓缓萎凋。这是东方美人制作过程中,极为耗费时间与精神的环节。

● 著蜒的茶菁，叶子呈现船形，叶色转为黄绿。

显著高温及干旱，冬季显著低温，所以小绿叶蝉在春秋两季活动的概率较高；若在台湾高海拔地区，春季温度低，入秋后气温骤降，冬季低温，无霜期短，小绿叶蝉在夏秋交替时期活动的概率较高。各地区纬度、海拔与茶园微气候条件的差异，还有茶园的座向、杂草的有无、降雨强度等因素，都会影响小绿叶蝉的族群分布。

俗话说"没吃五月节粽，破棉袄不通放"，在台湾，芒种之前，端午节左右，低海拔地区的气温在这一时期会逐渐稳定上升，小绿叶蝉的危害极大。茶菁受小绿叶蝉危害的程度越重，呈现出来的特有香气也越强。至于中高海拔茶区，由于环境的差异，小绿叶蝉危害时间点会往后推移至夏至到立秋期间。

若气候条件异于平常，也有可能造成小绿叶蝉活动的季节产生变化。春天气温提早回暖，或冬天气温迟迟不降，都会促使小绿叶蝉的活动力上升，茶菁受危害的概率就会升高；反之，若气温突然下降，那么小绿叶蝉的危害情况会有减缓的趋势。此外，连续降雨也会导致其活动及繁殖能力下降。若在正常的气温条件下，连日大雨会使小绿叶蝉的危害降低。

■战胜自然的客家奇迹

桃竹苗一带茶区，是台湾最负盛名的白毫乌龙茶产地。制作东方美人茶的品种以"青心大冇"最多，商品价值也最高。坪林地区的茶农，亦生产东方美人茶，并且是以各色品种制作。坪林的东方美人并不特别强调茶菁遭虫蛀的多寡，而是通过重发酵的制造方式，做出独特的既有蜂蜜香又甘甜的茶汤，因为这种茶的茶汤叶底偏红，所以在坪林当地习惯称它为"红茶"，其实这就是早年的番庄乌龙。

夏秋两季由于气温高、日照强烈，此时茶叶中容易产生苦味及涩味的多酚类物质总量较高，氨基酸与可溶性糖类则较春茶含量少。此类茶菁若制为不发酵的绿茶或发酵度偏低的包种茶，不仅滋味淡薄，茶汤也苦涩。不过，只要将苦涩的多酚类物质通过发酵作用适度转化，便能做出苦涩度大大降低的乌龙茶与红茶。要是茶菁再受到小绿叶蝉的大量危害，那么成品更会增添不同的风味。东方美人茶，可说是集所有传统上认为对茶叶不利的天然因素于一身，再加上无巧不成书的小绿叶蝉的吸食，还有众人的努力，一跃成为茶叶中的珍品。令人在品饮茶汤的同时，不禁赞叹它是造物者精心的安排与人类智慧碰撞出来的美丽火花。

随着外销市场的逐渐没落，以外销为导向的桃竹苗茶区也失去了当年的盛况。目前桃竹苗一带仅存的茶园由于海拔高度低，在现今以高山茶为主流的市场中难以生存，平日仅以制造廉价饮料茶维持生存，只有在夏季时才可利用上天所赐予的东方美人立足江湖。

顶着烈日，在极为闷热的天候下采茶，是极为艰苦的工作。如今还能坚持在茶园中，一芽一芽细心采着小绿叶蝉肆虐过的茶菁的仅剩下刻苦耐劳的客家老人。当老一辈的采茶人逐渐消失后，宛如艺术品般珍贵的东方美人茶，该如何在历史的舞台上继续绽放它美丽的风采，则有待新一代茶人的共同努力了。

铁观音
七泡有余香的优良品种

走访木栅,来到樟湖山一带,于张迺妙茶师纪念馆前向北远眺,台北101大楼矗立于拇指山西侧。张迺妙茶师纪念馆位于台北盆地东南侧边缘的山坡上。路旁的茶园,除了可见当年由张迺妙茶师自安溪引进的铁观音种,还可见到其孙辈张文辉先生所发现的四季春种。

目前台湾的铁观音茶园数量不多,因为铁观音的种植与采制烦琐,是件极苦的差事,就连传统铁观音茶区的年轻人都早已放弃种茶与制茶。另外,铁观音茶树的树势也不及四季春强健。以中部的冻顶型乌龙茶区为例,在成本上涨与境外茶输入的大环境下,木栅铁观音节节败退,不得不在时代的潮流中重寻出路。茶农收起锄头与笳筹,茶商直接从安溪进口铁观音毛茶,再加以焙火出售,木栅正枞铁观音的光环,正在

铁观音采摘成熟度高,经过挑梗,茶干似蝌蚪状,泡开叶底多呈现单叶分离,茶汤淡绿,叶底多有破碎。木栅产的铁观音球形茶干的外形紧结,泡开后多有未形成驻芽的嫩叶,且枝叶连理,叶缘不易见到红镶边,也较无破碎面。

● 台湾人习惯用高温重火焙熟后饮用铁观音,有别于安溪流行的清香型饮法。铁观音茶"七泡有余香",其香气与滋味在半发酵茶中独领风骚。

Chapter 3　清香、鲜爽、浓郁、醇和

一点一滴地消失。即使是被当地人寄予厚望的猫空缆车，也仍是无力回天之举。

■清香浓香各不同的两岸铁观音[①]

铁观音的发源地为福建省安溪县，安溪紧邻泉州，出海方便，因此安溪人移居海外者众多。木栅铁观音大师张迺妙先生，便是在20世纪初自家乡安溪引进铁观音茶苗的，是将铁观音茶苗栽种于樟湖山的第一人。如今木栅樟湖山上的铁观音茶树所剩无几，而铁观音的故乡安溪，在两岸开放通商以后，伴随着台湾资金与设备的进入，茶业持续蓬勃发展，种植面积不断增加，并且销往大陆各地，打破了过去铁观音"只销南不销北"的局面。只是安溪铁观音的加工方式，因为生产设备更新、规模扩张与市场引导，已不再是传统重发酵、重焙火的制作方式，另外发展出一种接近绿茶风味的清香型制作方式，讲求高扬的香气与新鲜的口感，以迎合北方市场。

改变后的安溪铁观音，依旧采摘成熟度高的茶菁原料，在长时间的做菁工艺下，茶汤色泽淡绿，表现出强劲的品种香气，十分吸引人，但缺点是滋味淡薄、苦涩感太过强烈，对胃肠的刺激性偏高，不适合多饮。

反观台湾，木栅铁观音仍保有传统铁观音重焙火的精制路线，不过在采摘成熟度与做菁工艺上却是节节败退。过嫩的茶菁原料不符合铁观音加工工艺的要求，制造的成品香气不扬、滋味苦涩淡薄，做出的毛茶就像主流市场的高山茶。这种轻发酵的茶叶，若仍按照铁观音的传统方式焙火，就只留下焦火香而无花、果、蜜香，实在是可惜。

---

① 铁观音是一种茶树品种，也是一种茶叶的制作方式，随着市场的演变，现在被当作是一种品牌名称。传统的铁观音做法，是采取成熟开面叶做出来的一种发酵度高、有成熟果香及熟火味、成茶形状为球形或半球形的熟茶。但随着时代的演变，不但制造铁观音时使用的不一定是铁观音品种的茶叶，制程上也多有改变。从嫩采到发酵程度到焙火程度都已不如传统那么高，但传统台湾铁观音一定是一种熟茶。不过近年来，大陆已衍生出不同方式的铁观音做法，用铁观音的品种做出清香型和浓香型两种不同的铁观音，清香型的属生茶，浓香型的属熟茶。请参见《台湾茶第一堂课》，陈焕堂、林世煜著。

① 木栅樟湖是台湾最早种植铁观音的地区，如今当地的茶园已所剩无几，基本依赖坪林进口的境外茶，经焙火后出售。② 福建安溪西坪是铁观音的发源地，也是许多台湾茶人的故乡。随着大陆经济的增长，铁观音茶的种植与消费量在近20年内节节攀升，制作形态也有大幅度的改变。

■在高山展现生机的台湾铁观音

铁观音这种品种因"七泡有余香"而让茶客们流连忘返。铁观音茶树优越的先天条件,加上良好的制造工艺,在香气与滋味上远超许多其他著名的品种。然而铁观音这个品种既不容易种植,也不容易制作。

大陆生产的铁观音与木栅铁观音在茶干及叶底外观上有明显的区别。大陆的铁观音采摘成熟度高,并且都经过挑梗,茶干似蝌蚪状,泡开后叶底多呈现单叶分离,且为了让茶汤呈现出淡绿的颜色,会在团揉过程中将发酵所产生的红边去除,称为"摔青",以致叶底多有破碎,许多不知情的台湾消费者误以为是机器采收所致。木栅产的铁观音,采茶时的成熟度偏低,球形茶干外形紧结,泡开后多含有未形成驻芽的嫩叶,且枝叶相连,叶缘因发酵度偏低而不易见到红镶边,也没有很多破碎面。

在高山乌龙茶当道的台湾市场,种铁观音的茶农少,懂得制作铁观音的师傅更寥寥无几。不过数年前在梨山茶区,开始有茶农种植少量的铁观音,这些原本在低海拔茶区不易栽培的铁观音,反在高山上显现出强劲的生命力,长势旺盛。在当前以青心乌龙为导向的高山茶区,若是改种些萌芽期更晚的铁观音,不仅可以稍微舒缓春茶采摘期缺工的压力,也可让这香气"如兰似桂"的优良品种继续在台湾长久发展,与对岸的安溪铁观音一较高下。

● 种植于大梨山地区的铁观音茶树,因土壤及空气湿度高,长势旺盛,有别于一般认为铁观音茶树难栽种的既有看法。

高山茶

山不在高，有仙则名

20世纪80年代左右，台湾茶市场由外销转向内需，并乘着经济起飞的翅膀大幅兴起。在这20多年间，台湾茶产区不断扩张，早年海拔400～800米的南投松柏岭、冻顶茶区就已是全台最高，而现今台湾的茶产区已高至2500米。台湾高山茶区分布如下：嘉义县有梅山、阿里山茶区；南投县有竹山乡的杉林溪茶区，水里乡和信义乡的玉山茶区，仁爱乡的雾社、庐山、翠峰、翠峦、清境农场、华冈等；台中县有和平乡的新旧佳阳、武陵农场、福寿山农场、天府农场等大梨山茶区；宜兰县有大同乡的南山茶区、北横拉拉山茶区、台东太麻里、金峰茶区等。虽然海拔各自不同，但大致都在1000～2500米这个范围。

高山地区日夜温差大，茶菁内含物质丰富，若不过度嫩采，萎凋足够，并进行适度的轻发酵，香气滋味的确令人神往。

● 高山茶在良好的产制管理下，因叶肉肥厚，香气与滋味在乌龙茶中可属上乘。但近20年来偏向绿茶化的制程，让高山茶变了调。

Chapter 3　清香、鲜爽、浓郁、醇和

内需市场迅速扩张，让台湾茶市场掀起一股热潮，吸引不少野心勃勃，但缺乏专业素养的人投入卖茶的行列，坊间的茶行、茶馆如雨后春笋般出现。可惜这些新投入市场的人往往不具备评茶能力，只懂得标榜产地与海拔高度，并过度强调茶叶外形是否紧结，比起前辈以质论价的扎实作风实在是相差甚远。在他们的推波助澜之下，高山茶的质量持续恶化，导致现今高山茶产、销、购三输，着实是令人担忧的情况。

● 大梨山地区是台湾海拔最高的产茶区，茶叶价格也是最高的，但价格高不表示质量一定好。高山坡度陡峭，茶农经营管理成本高，再加上产品制优率低，导致高山茶价格偏高，质量却未必理想。

① 阿里山石桌是早期台湾高山茶区的制高点，但在现今愈种愈高、高山茶园遍布的产业生态背景下，风采已不比当年。② 桃园县复兴乡华陵村与邻近的三光村，是台湾最北端的高山茶区，虽然海拔只有1700多米，但因纬度高，且采取粗放式栽培，做出来的茶叶质量有一定的水平。

③ 高山易起雾的气候环境，适合茶树生长，但湿度过高、日照过短，并不适合茶叶加工。④ 由于地形变化大，高山茶园的微型气候对茶树生长的影响也很大。虽是同一产区，向阳面和背阳面的茶菁质量就有相当大的差异，因此是否是好茶不能单以海拔下定论。

海拔高度的确提高了蔬果和茶叶的质量。高山茶菁内含物质丰厚，如果得到天时地利之助，师傅又能顺利制作，那么高山茶的香气滋味的确令人神往。只不过天下事总是"有一好无二好"。

高山地区地形起伏，坡度大，不利于制茶厂的选址、整地和建设。以单日毛茶产出量约200千克的中小型制茶厂来说，除了必要的产制设备外，还要添加积层式萎凋架（层架）及恒温空调设备等，投入的资金动辄高达千万新台币(约合200万人民币)。由于投资大回收难，单一茶农难以负担，使得高山茶区的制茶厂严重不足，特别是在大梨山茶区更加明显。制茶厂不足的结果就是茶厂超量进菁，严重压缩日光萎凋等工序所需的时间，影响茶叶的质量。

高山茶区的春茶产期是从四月底至五六月间，此时正是梅雨季节，天气不稳定，采制难度偏高，冒雨采收几乎是常态。但半发酵的乌龙茶最重日光萎凋，必须在阳光普照的好天气采菁晒菁，才能做出香气、滋味俱佳的好茶。冒雨采收的"落雨菜"，只能做出带有菁臭味的劣品。

■新入行者众多的高山茶农

除了地形和天候的客观因素之外，从业者的素质也是高山茶问题的症结所在。

大部分的高山茶区,经营者都是外地人,他们中的绝大部分人在进入茶业之前多半种植水果、蔬菜。原先他们向林务局、原住民租地,或向原住民购买耕作权,在这些土地上栽培温带水果树或反季节高冷蔬菜。后来由于蔬菜水果的价格不及茶叶高,而且茶叶市场兴盛,改行种茶者愈来愈多。

传统茶园管理方式是从春茶开始采收,到白露时,秋茶采收完成,一年的茶季就此结束。开春时,茶农会将茶树下方的土翻挖到茶垄中,在茶垄上种植蕃薯、芋头等短期杂粮作物,待采收后再将茶垄中的土覆盖回茶树下方。这样的农耕方式具有中耕的效果,借由翻犁土层破坏上层表土根系,以促进茶树根系往更深层土壤发展,有助于茶树抗寒抗旱,使其生命力更加旺盛。

但现在的茶园管理方式,茶垄已经不再种植其他作物,减少了翻犁的机会。茶农习惯施用大量的有机质肥料在茶园表土,尤其是未腐熟的植物粕类,比如花生、黄豆。这样的耕作方式会使茶树产生惰性,营养根聚集于表层土壤,一旦面临环境逆境,比如干旱、暴雨、高温或寒害,表层根系就会受损,影响营养吸收,导致茶菁的质量下降。

但不明就里的茶园经营者,已经习惯重肥重药的耕作方式,又因为投入庞大资金以扩张规模,势必得追求产量极大化。他们不懂茶树的生理特征及生态环境专业知识,长年这样管理茶园,终将导致或隐或显的恶果。

■高山嫩采的滥觞

首先是人力资源不足造成的影响。20世纪80年代台湾茶叶内需市场起飞,台湾农村人力也大量外移。在栽培面积扩张、投产茶园数量倍增的情形下,采茶工人、制茶师傅和拣枝的人工都极端缺乏。

传统的乌龙茶应采摘成熟度高,中、大开面的茶菁,制成毛茶之后还要拣枝,以提高外形的美观度与良品率。但是拣枝工人愈来愈少,排班拣枝旷日废时,导致成本增加,影响成茶新鲜度并延误上市时机。于是,瑞里地区就有茶农开始采摘成熟度不足的嫩叶，嫩叶在做型（团揉）时，较易形成紧结美观的外形，可省去拣枝的工序，嫩采的习惯便开始出现。

接着在20世纪80~90年代，梅山茶区碧湖村的茶农陈先生，将原先每年四次的春茶、夏茶、二次夏茶（大小暑）、秋茶采收季节，改变为提早采收夏茶，因而增加了十一月中下旬的一期冬茶。提早采收的夏茶，多为成熟度偏低的嫩叶，它们被做成外形紧实小巧的"珠仔茶"，以区隔市场，有利于茶价的稳定。十一月中下旬采收的冬茶，"冷气"较重，低温生长的茶本质上不太苦涩，因而价格较高，吸引了当地茶农争相仿效，这可以说是高山茶嫩采的滥觞。

经济规模大的高山茶园，为便于管理，多栽种单一品种，每每5~20公顷的茶园都是青心乌龙。过度集中的品种导致其适摘期仅7~10天，产期集中，加上高山区的天气不稳定，以及采制工人和师傅不足，茶农被迫提前采收成熟度偏低的茶菁，这也是助长嫩采现象的背景因素。

■对嫩采风气推波助澜的比赛茶

比赛茶的不良风气也是造成嫩采难以推诿的原因。比赛茶的推广，曾经对台湾茶的内需市场有着不可磨灭的贡献，但由于有利可图，20世纪80年代后期，各地农会、合作社争相举办比赛茶活动，造成场次泛滥。更因为评审专业素养不足，只知讲究外形紧结，形成错误的评茶标准。茶农投其所好，嫩采茶遂"蔚然成风"。

茶芽是茶树的营养器官，也是生长点，采收茶菁（特别是嫩采）对茶树来讲是一种伤害。茶树的新梢芽叶成熟到一定的叶面积才能进行光合作用。茶树每一轮生长序有5~6片新叶，茶农采收2~3片之后，为了下一产季能冒出更多新芽且萌芽时间一致，错误地将顶部留下的几片新叶剪掉，以致光合作用无法进行，无法蓄积养分至根部。如此一来，只好大量施肥或进行催芽，使萌发芽数增多。但芽数增多，养分需求也更多，此时根部施肥往往缓不济急，于是茶农为求产量不

择手段，下重手使用生长激素，就这么一环扣一环，形成了目前高山茶区普遍的茶园管理模式。

但是嫩采的结果，原先只要四台斤上下的茶菁就可制成一台斤毛茶，如今却要到六台斤，甚至到七台斤。经过多年的采摘管理工作，笔者发现茶树会因此急速衰败，必须提早更新。嫩采行径对茶树的生理发育以及茶园生态平衡都不利，茶农长期以来是否能获利，也非常令人怀疑。

高山茶区的地理和天候条件不尽如人意，加上人力调度困难，嫩采的茶菁在后续的制茶阶段，命运会更加坎坷。由于天气不稳，冒雨采收和日光萎凋不足是常有的事。而为了配合制茶师傅的排班，在产季最盛时，茶厂普遍超量进菁，赶工压缩每个制程所需的时间，造成萎凋与发酵不足现象严重。终于使得高山茶不再像乌龙茶，反而呈现绿茶化的趋势。

绿茶化的乌龙茶，质量低落、香气不扬、滋味淡薄、苦涩味强；但是由于缺乏有专业素养的评审保驾护航，又有外行的茶商、茶坊推波助澜，反而在市场上索价不菲。因为无专业素养能够分辨质量，好坏随人说，价格波动幅度太大，让人不禁对高山茶的制程和成本构成感到好奇，这样的市场价格是否真的合理？

红茶——台湾茶区的新宠儿

红茶是全球消耗量最大的茶类,目前全球茶叶消费市场约有70%为红茶。在我们的日常生活中,也到处可以看见红茶的踪迹:早餐店、快餐店、泡沫红茶店、咖啡店以及各类型餐厅。红茶在生活中看似微不足道,其实早已深深地在我们的饮食文化中扎根。

■ 采摘愈嫩,等级愈高的正山小种

"正山小种"被公认为是世界红茶产制的滥觞,产于福建省,而后延伸至华中、华南各省,著名的祁门红茶、滇红都是后来衍生出来的商品。这一类型的红茶,被称为"工夫红茶"。国外将这种制造方式称为

台茶十八号(红玉)的出现,让台湾沉寂已久的红茶产制重新焕发生机。在桃园龙潭、南投名间、花莲瑞穗及阿里山等乌龙茶茶区都可以看到以小叶种茶树制作成的红茶,台湾茶业重新掀起一股红潮。

● 制作良好的红茶,条索紧结,乌黑但不油亮,表面隐约可见白霜,汤色红艳明亮,叶底泛红。

"orthodox"（传统），是指将萎凋后的茶叶揉捻后使其发酵，再进行干燥。这种方式较为费工，制成的茶干外形为条索状。

红茶茶叶采摘时的成熟度及细致程度对红茶的等级有很大的影响。采摘越嫩，制作出的红茶外形越亮丽。当前大陆市场上流行的"金骏眉"，其实就是正山小种红茶，每斤（0.5千克）价格可高达上万元人民币。一般红茶采摘，以一芽二叶或一芽三叶为原料；而金骏眉的采摘，就如同高级洞庭碧螺春的采摘，在茶芽开始萌动后，只采顶端芽心制作，成品外观大多呈现金色细芽，与大叶种采制的滇红所呈现的肥大金芽有明显的差异。

■ 有相似有不同的印度红茶区

印度是全世界红茶产量最大，同时也是红茶消费量最大的国家。印度人一年消耗超过70万吨红茶，约占印度茶叶年产量的75%，这表示印度人在日常生活中对红茶的依赖度非常高。

● 南投鱼池乡的红玉茶园近年来不断增加。红玉这一新品种的发表，带动了台湾红茶产业的兴盛。

① 阿萨姆地区地势低且平坦，气候炎热，生产的红茶大多由印度本地人消费。② 大吉岭地区所生产的高地红茶，风味与低海拔的阿萨姆茶区截然不同。③ 阿萨姆地区的茶树多为大叶种。④ 大吉岭茶区可以看到许多中小叶种的茶树。

印度最著名的两大茶区是阿萨姆与大吉岭。阿萨姆邦（Assam）地处平原，气候炎热，当地的茶树多为大叶种，产制的红茶多采用自动化的制法。之前笔者曾拜访过位于阿萨姆的Apeejay公司，该公司在阿萨姆拥有约14 000公顷茶园，规模十分庞大。他们的红茶制茶厂一天可生产约50吨CTC红茶。在阿萨姆乡村，稻田耕作仍然依赖水牛。水牛的另一项功能，是产牛乳，当地人将牛乳拌入糖以及CTC红茶，在锅炉上煮制奶茶。CTC制法所生产出的红茶滋味浓烈，纯饮苦涩，但当地人加入大量的糖和牛奶来饮用，味道便好了很多，成为印度的特色饮食文化。

位于西孟加拉邦（West Bengal）的大吉岭（Darjeeling）茶区分布在山区，与阿萨姆茶区有截然不同的茶园风光。大吉岭茶园分布在海拔数百米至两千米的地方。

● 位于阿萨姆的制茶厂，制作廉价的 CTC 红茶，单日产量大。

据史料记载，该区的红茶种植是从19世纪中叶英国植物学家罗伯特·福钧（Robert Fortune，1812—1880）将茶苗与茶籽由中国引入印度成功种植而开始的，也因此在大吉岭的茶园，可以见到许多不同于阿萨姆大叶种的中小叶种茶树。大吉岭茶以夏摘茶（Second Flush）最被推崇，有别于阿萨姆红茶滋味浓郁、汤色红艳的特点，大吉岭夏摘茶以独特的"麝香"（muscatel）而闻名，汤色橙红，茶汤淡雅。

位于山区的大吉岭茶区，有着多雨且易起雾的气候特性，春摘茶（First Flush）受限于原料与气候，制作发酵度通常偏低，茶汤不及夏摘茶醇厚。高山

● 大吉岭夏摘茶特殊的麝香味，有可能是由其茶芽被椿象吸食而产生的，其原因耐人寻味。

气候对于茶叶的栽培与制造有利有弊，这一点同时反映在相隔数千千米的台湾与印度。

　　为什么夏摘茶有如此独特的香气？除了天然的地理及气候条件，不难发现初夏时节其树上的新芽特别黄绿细小，与东方美人茶的茶芽极为相似。极有可能也是因为小绿叶蝉与蓟马的危害造就了大吉岭夏摘茶特有的香气，欧美人也以麝香来形容东方美人茶所呈现的独特香气，如此可见一斑。东方美人茶在台湾茶的历史上别具意义，市场价值也高得吓人。从商业角度来思考，大吉岭夏摘茶与东方美人茶如此神似，是不是因为当时把持印度茶市场的英国人参照东方美人茶进行仿制，就有待历史学家来探究了。

■台湾红茶的新发展

　　台湾的红茶产业走过辉煌的外销时代后，在新品种台茶十八号（红玉）尚未发表之前，也就是1999年"九二一"地震发生之前，已经沉寂了约20个年头了。伴随着"九二一"的灾后重建，红玉带动了鱼池乡红茶产业的复兴，进而也带动了其他地区小叶种红茶的发展。观光客到日月潭游览，红茶是最佳的纪念品。

　　因为红茶在市场上大受欢迎，如今在桃园龙潭、南投名间、花莲瑞穗及阿里山茶区几乎都可以见到红茶生产，不过使用的是原本用以制作半发酵茶的茶叶品种。这些制造半发酵茶为主的茶区，小叶种的青心乌龙与金萱为主要栽培品种。夏季高温与长日照的气候特性使茶菁里含有较多苦涩的多酚类物质，若制作成比红茶发酵轻的包种茶类（乌龙茶），茶汤将过于苦涩，因此以夏季的茶芽制作成发酵度高的红茶，也算是适性而为。

　　这种做法唯一令人担忧的是：在目前的半发酵茶茶区，原本应采摘成熟开面叶制作的包种茶类，在价格好的春、冬两季，已经变化而趋向于嫩采；而原本价格不好的夏季茶菁，本应作为茶树留养之用，如今却为了制作红茶而强行采收。红茶的采摘标准又比包种茶类更加强调嫩采，虽然当下对茶农来说有比较好的收

● 一般红茶品种是毫毛愈显著，等级愈高。但红玉这个品种有别于一般对红茶品种的要求，毫毛不显，制成成品后也无白毫。

益，可是对茶树是非常大的伤害。过度嫩采导致茶树提早衰老、产量减少，茶树必须提早更新，最终还是会导致茶农亏损。

许多喝红茶的人，看上的是红茶发酵度高、对肠胃刺激性低的优点。但由原本制作半发酵茶的茶农制出的红茶却不然，原因是，向来习惯制作半发酵茶的茶农，制作出的红茶往往有萎凋、发酵不足的通病，滋味过于苦涩，喝多了一样伤胃。而由大型公司制造的红茶，不管是机械设备、制造观念与经验，都是小家小户的茶农无法比拟的。

从主客观条件上来讲，台湾是适合生产半发酵茶的地区，但是茶农们摒弃了优良的传统制茶技术，先是炒作绿茶化的高山茶，近年又鼓吹饮用小叶种红茶，全台不分地区一致化处理，使得台湾这里也高山茶，那里也高山茶，这里红茶，那里也红茶。这样不但失去了台湾半发酵茶区的优势，也使得各茶区失去了自己的特色，长此以往，不禁要为茶农和消费者担忧。

大多数进口的平价红茶，以调制饮料茶为主要用途。因为需要添加牛奶与糖调味，如果茶汤过于醇和，便少了鲜爽刺激的口感，因此这一类的红茶原料通常比较苦涩，阿萨姆红茶就是明显的例子。纯饮的红茶，相对需要比较精致的加工工序，尤其是台茶八号、红玉等大叶种茶树。大叶种原料的多酚类物质含量高，若是萎凋、发酵掌握不当，也不适合多饮。

目前台湾市场红茶价格节节攀升，许多已经废耕的茶园也因此逐渐恢复耕作。这股红茶热潮能持续多久？是不是有泡沫化的可能？十分令人担忧。台湾过去的红茶产业是依赖外销出口，后来因生产成本持续上升而节节败退，最终消失于国际市场。但如今小家小户的经营方式，生产成本与过去一样居高不下，加上台湾红茶消费市场是以平价饮料的需求为主，虽说观光客涌入日月潭风景区消费，振兴了当地红茶产业，但这样的繁荣景象能够维持多久，仍是个问号。

陈年老茶

陈香醇厚，还是火气十足？

最近市面上又开始流行起老茶，但什么是老茶，存放多少年以上的才算老茶，老茶又有哪些种类呢？

一般人多以为老茶动辄要存放十年、八年，其实只要今年的春茶存放到第二年后再出售，就算是陈年茶了。茶会因储存方式而产生变化，就半发酵茶而言，成熟度愈高、发酵度愈高、焙火程度愈高，变化愈慢、愈少，反之则变化愈快、愈大；存放茶叶的温度、湿度也会影响茶叶变化，温度、湿度愈高，变化愈快，反之则较慢。

此外，光线照射也会影响茶叶变化。传统老茶庄

茶叶只要放到第二年就可以算是陈年茶。香气可能由花香转成果香、干果香，甚至酒香；汤色则由金黄转成蜜黄、琥珀、猪肝红；滋味由新鲜清爽转成浓稠滑口柔顺或者带有生津的酸劲……这都是好的老茶应有的表现。

● 冻顶型老茶条索为半球形，呈蝌蚪状，茶干为褐色，汤色呈琥珀色或猪肝红，明亮清澈。

Chapter 3　清香、鲜爽、浓郁、醇和　151

会将茶叶置入玻璃瓶内展示，茶叶经光线照射很快就会发生变化，产生一种"日腺味"。茶叶经储存后，会渐渐转化，速度与前述的诸项因素密切相关。即使同一种茶样，因储存年份不同，香气滋味也会随时间而有不同表现。

●老式茶行会以玻璃罐装茶叶以供展示，但茶叶被光线照射后容易出现日腺味。

■茶叶越陈越香的条件

茶叶经陈放后，香气可由花香渐渐转成果香、干果香，甚至出现酒香；汤色则由蜜黄转成金黄、琥珀、猪肝红；滋味由新鲜清爽转成浓稠滑口柔顺，或者带有生津的酸劲。这都是好的老茶应有的表现。能拥有这些特征的老茶，一般制作时都是轻度到中度焙火。

含水量过高的茶叶，存放后香气会有明显的陈味甚至霉味，汤色也混浊暗褐，不带油光，苦涩度尽管比新茶略低，但不爽口，茶味也淡薄。若原材料制造时就已焙得过火导致碳化，经存放后，火味、焦味依然浓厚，且汤色黑褐，初入口会因焦糖化而有甜味，但细细品尝后淡涩锁喉。这种茶的外观如木炭般乌黑油亮，即使冲泡数次，叶底仍难以舒展。

其实老茶可用老人来比喻。有些老人经历数十载寒暑历练，处事圆融、骨健爽朗、和蔼可亲；有些则性格乖僻、体弱多病、长年卧床。对照茶叶，第二种老人相对应的老茶便是制程上有瑕疵，存放后也只能变差。某些老人到老仍然脾气暴躁，看什么都不顺眼，这就如同以不适合的品种来制造半发酵茶，怎么做都没有半发酵茶应有的丰富多元香味。但总体来说，只要经过存放，"茶性"还是会变柔，依原料优劣、焙火与存放条件，而有程度不同的表现。

■买老茶要先了解台湾茶业发展

如想购买老茶,那么了解台湾茶业的发展也是非常有必要的,这是重要的背景知识。台湾茶叶的采制方式随时代而不同。20世纪80年代前后台湾茶叶的制作以冻顶茶为标准,当时采收的春、冬茶,以成熟对口叶为标准;加上当时茶园面积小、产量低,茶农舍不得嫩采,且制茶机械不发达,于是冻顶茶的外观呈现半球乃至如虾般的卷曲状,条索则为螺旋状。但如果外形紧结如豆,又是嫩采,卖方还说是"八十年代老茶",就必须好好思考其真实性了。台湾茶的制作,是随着茶叶整型机械进步,嫩采观念的扩展,茶叶才渐渐变得外观紧结,火(焦)味也愈来愈明显。

文山包种茶的外形,至今几乎没有变化,但采制观念则明显随时代而不同。早期采成熟对口叶,近年来染上贪图嫩采的恶习,偏嫩即采。若同样经过存放,就滋味来说,以前的会比现在的醇厚许多。此外,以前包种茶炒菁足够,现在则常有炒不熟的毛病,茶汤混浊,这也是我们鉴别包种老茶的一项依据。

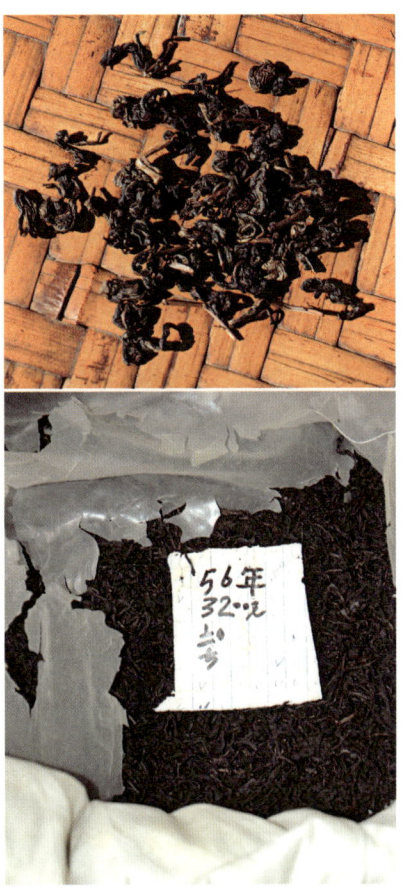

● (上)20世纪90年代以前的冻顶型老茶,外观呈半球形蝌蚪状。(下)过去茶行包茶是以棉布袋内衬塑料袋,因年代久远,塑料袋已氧化碎裂。

■是老茶还是老火茶？

市面上还有一种仿老茶，也可称为"老火茶"。过去的包装技术不发达，常以陶瓮、腌缸、木箱等容器来装茶，但因为这些器具的密封性不好，所以茶叶每隔一两年就必须重新焙火以防潮防霉，加上早年又是以炭火烘焙，稍有不慎就会产生烟焦味。为了加速火味退散，这种茶只有放入透气性好的腌缸才会好喝。

因为有这样的历史背景，所以一般人都会有老茶必然火味十足的错误印象。不过放入腌缸、反复炭火烘焙都是半个世纪前的做法了，近三十年来，包装材料进步迅速，可以有效阻隔湿气，焙干的茶叶无须每年或隔一两年覆火，只需静待时间酝酿，陈放变化出来的口感便会更加丰富。但嫩采恶风遍吹全台后，偏嫩的茶叶不堪火力，常焙容易出现火焦味。一般人并不清楚这种时代更替造成的改变，有心机的商人利用这一误解，用现在的材料高温焙熟，或在焙火过程中喷果汁、糖水烘焙，糖分经过高温发生焦糖化，让茶叶外观乌黑油亮，茶汤带甜。这种茶汤色暗褐，初尝香甜，但多尝几口即发现，茶味淡薄、粗涩不滑，加工的凿痕原形毕露。好的老茶，汤色应呈琥珀色或猪肝红，明亮清澈带有油光，具浓稠感。如果是以高温猛焙而呈现火味的茶，外观常是结实细小，冲泡数次依然难以舒展，滋味淡薄或者苦涩，仅有火焦味而无茶味，这就是仿老茶的"老火茶"。这类的仿老茶目前在市场上相当普遍，有些甚至价格不菲。

独特的岩韵

武夷岩茶

武夷山除了大红袍,还有白鸡冠、半天腰、水金龟、铁罗汉、水仙、肉桂等名茶,以及许许多多不知名的优良品系。

武夷茶的历史悠久,武夷山被认为是乌龙茶的起源地之一,有说不尽的历史传说与奇人异事。武夷山的名茶、三坑两涧与武夷茶独特的岩韵,为爱茶人所津津乐道。武夷茶为何有如此独特的魅力?除了武夷山拥有得天独厚的自然环境之外,半发酵茶的制茶技术所蕴含的智慧结晶扮演着非常关键的角色。不过随着武夷茶的市场需求量遽增,它的内涵也渐渐变了调。

依照产地所属地理条件不同,武夷茶可分为正岩茶、半岩茶、洲茶及外山茶。近几年只要是产自正岩区的茶,不论质量高低,价格都高不可攀。此现象好比台湾的高山茶区,挟着海拔高度的先天优势,在消费者误以为海拔高就是质量好的错误观念下,茶叶的采制越来越偏离传统半发酵茶的要求。

产地迷思虽有,不过武夷茶仍旧要求采摘成熟度较高的茶菁为原料,仍保留半发酵茶的采摘要求。武夷茶的制作工序与其他青茶类相同,茶干外形为条形。过去茶农做青大多使用水筛,做青初期摊菁薄,而后或两筛并为一筛,或三筛并为两筛,可视萎凋状态灵活调整运用。

现行武夷茶多数使用

综合做青机取代传统水筛做青的方式，日光萎凋后，直接放入综合做青机中静置与搅拌，直到杀菁时才取出茶菁。这种新式做法减低了做青时对人力的大量需求，也克服了阴雨天萎凋不易的难题。尤其武夷山内交通不便，采收好的茶菁需以人力担运，费时费力。晚菁回厂时已无日光可以晒菁，便直接置入综合做青机中以热风萎凋代替。

茶菁自日光萎凋结束后，放入滚筒型综合做青机中，时而静置，时而摇动，虽然不违背做青原理，不过茶菁一直放置于做青机中不取出，茶菁走水缓慢且不均匀，加上频繁地摇青，如同积水制作。虽然有发酵，却有茶汤刺激性高，香气混浊的缺陷。

焙火工艺是武夷茶精制工序的一环，尤其在做青工艺讲求便捷的时代潮流

中，茶商欲借助焙火来修饰制作不精的毛茶。过度地重视火功而不在做青阶段下苦心，无疑是缘木求鱼，是当今武夷茶的一大危机。乌龙茶类的加工工艺繁复，茶业界人士莫不希望追求更为便利及统一的制作方式，却还无法在质量层面同时赶上水平。乌龙茶的产量与质量犹如天平的两端，一端高起，另一端必定落下。

名枞中的大红袍名气四海皆知，就如同安溪铁观音一般，大红袍俨然成为武夷茶的代名词。位于武夷山天心岩九龙窠石壁上的大红袍

母树,早已借由扦插繁殖而广为种植,对一般民众来说,大红袍已经不似当年毛泽东赠与尼克松的那半壁江山般遥不可及。现今大红袍的名称已经未必与品种有关联,可能是各厂家以不同品种拼配出的商品种类。武夷山除了大红袍,尚有白鸡冠、半天腰、水金龟、铁罗汉、水仙、肉桂等名枞,以及许许多多被冠上花名或是不知名的优良品系。这些珍贵的品种资源唯有经过制茶人悉心地制作,才能展现出各个品种的特色,否则一切终将归零,这是半发酵茶迷人却又残酷的一面。

台湾茶在大陆

福建漳平"台式乌龙茶"

福建省漳平市永福镇原本是反季节蔬菜与花卉的生产地,台商自1996年进入永福开拓茶园至今,当地有大约20户台商茶农,总茶园面积超过1300公顷。

1865年,英国商人约翰·杜德看准了台湾茶叶外销的潜力,委托厦门人李春生自安溪引进茶苗、茶工与茶师,开启了台湾茶产业的新页,为台湾茶业的外销发展奠定基础。台湾茶的外销荣景维持了大约百余年,自1970年起逐渐转为内销,茶园面积与产量也逐年递减。台湾茶由外销转为内销的同时,产地也由中低海拔丘陵地转移至海拔更高的山地,在粥少僧多的情况下,台湾茶的生产者与经营者,也不得不往外迁移。如今在大陆、越南、泰国、缅甸、印度尼西亚、新西兰等茶区,都可以看到台湾茶的踪迹,据闻近几年美国夏威夷也有华人植茶。

在台湾,茶农受限于可耕地面积破碎、土地取得不易、土地成本高等现实因素,经济规模较小。海外除了取之不尽的土地与廉价的土地成本,还有充足的劳力与低廉的劳力成本,对于茶业这个依旧是劳动密集的产业来说,是十分有利的发展条件,因此吸引了许多台商到海外投资生产。

福建省漳平市永福镇原本是反季节蔬菜与花卉的生产地,台商自1996年进入永福开拓茶园至今,当地有大约20户台商茶农,总茶园面积超过1300公顷,主要栽培青心乌龙与金萱两品种。

永福的春茶产季在谷雨前后开始,冬茶约在寒露至霜降期间结束,年采收三至四次。虽然不如台湾海岛型气候较为湿润的条件,但是气温条件与台湾中南部地区高山茶区类似,因此前往投资的台商茶农无不信心满满,"大陆阿里山"的名号开始流传,甚至还拍了电影。

在台湾，春冬两季生产一台斤毛茶所需的采茶工资约为200~300元新台币，而在永福镇约为50元新台币。台湾由于缺乏采茶工人，往往是清晨六七点就开始采茶，在永福地区则是等至露水干或是上午九点才开采。种种的投资优势，加上大陆市场对于台湾茶的热烈需求，不断地吸引台湾资金流向大陆，生产与目前台湾茶口味相仿的"台式乌龙茶"（或称"台式茶"），期望能够填补庞大的大陆市场空缺。

福建省的安溪、漳州、平和等地，更早期就已有零星的台商进入投产，其他像云南、广东、广西、湖南、湖北、四川等省份，不断地有台商前赴后继、不畏千里地前往开荒。

早期在宜兰南山地区种植高山茶的茶农，十多年前在广东省揭阳地区投入数十公顷的茶园开垦。虽然土地的取得容易且成本低，但是大规模地开山造路整地、茶苗种植、茶园管理维护等成本庞大，加上市场变化快，销路并不如预期。因此近年来不得不改变经营策略，减少茶园管理面积，朝向以不施用化学肥料与

不喷洒农药的有机栽培观念来经营,并且善加利用当地茶菁的特性,适性而制,倒也别具风格。

  看好市场而投入资金者,许多人是乘兴而来败兴而归,不但没有借由茶叶获利,还欠上了一屁股债,而其中多数人原先并非从事茶叶工作。起初投入固定的金额开垦种植,前二三年并无收入,等待第四、五年后茶叶产量开始涌现,第六、七年进入产量的高峰期。投资者除了茶园管理的常态性支出,每一季采茶与制茶所耗费的工资才是惊人的。若是销路不通畅,很快便会压垮独资经营的投资者,不需要几年的光景,资金很快就无法填满庞大的开销黑洞。

  150年前茶从福建渡海来台,喂养了许许多多的台湾人。所谓风水轮流转,台湾资金的西进,在这数十年里给许多农村带来了劳动机会,提高了当地的生活水平。在茶叶的历史洪流中人来又人往,茶区的分布总是此消彼长,然而不管什么时候总是只闻新人笑不见旧人哭。两岸的茶业交流在未来只会更加频繁,仍在台湾深耕的茶农该如何应对大陆茶的市场竞争,在大陆开疆辟土的台湾茶农又该如何看待大陆市场,是否能够创造真正的双赢,只能留给时间来验证了。

凤凰水仙 —— 香型多变

在广东省潮州凤凰镇一带，相传自南宋时期便产茶，因茶叶叶尖下垂仿佛鸟嘴状，当地茶农称此茶为"鸟嘴茶"，现今市场上以"凤凰水仙"的名称广为人知。广东"凤凰水仙"与福建闽北"武夷岩茶"、闽南"安溪铁观音"齐名，同属于六大茶类中的青茶类，其中凤凰水仙以其多变的香型为主要特色。

凤凰水仙的主要产地位于广东省潮安、丰顺、饶平等地区。由潮州市区驱车进入凤凰镇，沿途可见茶园片片，由凤凰镇往凤凰山的路上，放眼望去，山区尽是茶园，却不免过度开发了些。乌崬李仔坪一带，是著名的老茶树"宋种单枞"所在地。再往上走，则是著名的凤凰山天池。

凤凰水仙之中，尤其以"单枞采制"最为茶客们所称道。以种子繁殖的茶树，树龄往往可达数十年，在乌崬一带，树

凤凰水仙如同其他的青茶，需要在晴朗的天气下，采摘适当的成熟茶菁，悉心地进行青茶类的加工工序，方能得到一泡香气与滋味俱佳的水仙茶。

Chapter 3　清香、鲜爽、浓郁、醇和

龄达数十年甚至上百年者比比皆是。这是自古以来，茶农在种子繁殖的众多茶树中，选育质量表现佳的茶树，分开采摘，分别制造的，因此称为"凤凰单枞"。可惜虽说是单枞采制，茶农表示如果采茶当日遇到下雨，仍然是按表订日期冒雨采收，因此单枞采制也未必是质量保证。在阴雨绵绵的春茶采收期，茶农也只能望天兴叹了。

不论是否为单枞采制，凤凰水仙如同其他的青茶类一样，需要在晴朗的天气下，采摘适当的成熟茶菁，悉心地进行青茶类的加工工序，方能得到一泡香气与滋味俱佳的水仙茶。在乌岽山区，地势陡峭，气温偏低，与台湾的高山茶区一样，虽然利于种茶，却是个不利于制造青茶的环境，要制好茶，就得有过人的耐心与技术。

当地树龄最高，位于乌岽山李仔坪的宋种单枞，约有600多年的历史，但与20年前初访之时相比，树势明显衰败，虽然此树外围已围起栏杆加以保护。推测可能是在游客经年累月的摧残下，茶树的健康状况不佳，生命岌岌可危。李仔坪一带虽然还可见众多的老茶树，却也有不少具有历史价值的老树被农民砍伐。20年前于李仔坪所见，一株树龄约400年左右的老茶树，20年后已不见踪影，看见原地盖起了楼房，颇让人感到唏嘘。

凤凰茶区当地的茶农仍保有在茶季结束后翻耕土壤的耕作习惯，既断去老旧根系，也同时增进土壤通气性。茶园中也可见杂粮作物植于茶树行间，在寸土寸金的山区，可耕地被充分地利用，与早期冻顶茶区颇为相似。高山区茶农还保有以种子播种的习惯，或以种子繁殖为砧木、以带有优良香气的品系为接穗的嫁接法。种子繁殖法的茶树根系可深入地底，存活率高，经济年限也较长，适合缺乏灌溉用水的山区。在海拔较低的茶区则以扦插法育成的茶树居多。

水仙品系的茶树制成的半发酵茶类有着香气高扬的特征，却也有滋味易苦的品种天性，冲泡时若投叶量减少若干，或是略微降温冲泡，茶汤表现较为圆滑。

以水仙为主的凤凰茶区中，石古坪村一带有小叶种茶树所生产制造的半发酵茶，在市场中以石古坪乌龙通称。从制造工艺来看，石古坪乌龙近似文山包种茶，海峡两岸的半发酵茶区中，总是可以看到极为相似的成分存在。

永春佛手

与禅道密不可分

自古以来,茶与修道人密不可分,佛手茶因其名,也受修道人所尊崇。

福建省多山地,有山的地方几乎就有茶树栽种。在以铁观音为首的闽南茶区,仍有其他别具风格的乌龙茶区。邻近安溪县的永春与闽西漳平两地,分别以佛手茶与水仙茶为主要特色,与主流市场的铁观音风味截然不同。

佛手又名香橼、雪梨,属于灌木型大叶种茶树,可分为红芽佛手与绿芽佛手,因树势与叶形颇为类似佛手柑而得名。相传佛手茶由安溪官桥骑虎岩寺的一位和尚,以茶苗为接穗、佛手柑为砧木嫁接而来。而永春达埔狮峰岩寺的和尚自骑虎岩引进了佛手茶苗,带动了永春地区佛手茶的种植。至今永春地区已成为佛手茶的主要产地,闽北、闽中及闽南也都可见少量种植。

佛手除了有其独特的香味表现,化学分析告诉我们佛手茶汤中的花青素、儿茶素类含量也比其他适制乌龙茶的品种高,因此容易带苦涩味。若是制作得宜,佛手的香味浓郁,滋味甘醇,后韵持久。大叶种茶树易苦涩的特性,毫无疑问地还是需要仰赖精湛的制造工艺才能化苦涩为甘甜,以红茶方式加工也是适性的做法。永春县境内的佛手产地主要集中在苏坑与玉斗两地。在清香型铁观音席卷全中国的风潮下,在这里仍然不难找到以传统工艺制作而成的佛手茶,而且价廉物美,对喜好传统制作的乌龙茶爱好者而言,值得一探究竟。

自古以来,茶与修道人密不可分,佛手茶因其名,也受修道人所尊崇。走访佛手茶的发源地,安溪骑虎

岩与永春狮峰岩已经鲜少见到佛手的种植,只残余文化保存与观光的价值。数年前台湾的宗教团体前往永春狮峰岩进行交流,于当地出资设立老茶树保育及有机茶示范基地,并立碑纪念,欲将佛手茶与禅茶发扬光大。不久后该宗教团体人士却因丑闻而遭起诉判刑,让佛手茶的发源地蒙上阴影。

漳平水仙

特立独行的茶饼

冲泡时展现出兰花、桂花或水仙花香,是漳平水仙的一大特色。之所以如此芬芳,除了水仙品种本身所具备的高香特质和乌龙茶的做青工艺之外,杀菁后没有经过团揉工序也非常关键。

　　市场上绝大部分的紧压茶均属于黑茶类,乌龙茶家族则多为条形、半球形或球形散茶。漳平水仙算是乌龙茶中特立独行的一款,10克的方形茶饼为漳平水仙的特色之一。漳平水仙茶饼的历史并不很久,约于20世纪初由漳平市双洋镇中村村的茶农所创制。

　　水仙品种广植于福建省,闽北建瓯、建阳与武夷山,闽南安溪、永春、德化、大田等地都可见水仙的栽种,但多属无性繁殖。广东省也有各种水仙品系栽种,但属有性繁殖,知名的凤凰水仙即是。漳平水仙的名气不如武夷岩茶与铁观音高,不过走访漳平市区,路旁的商家或餐馆所冲泡的不是外地的茶,都是道地的漳平水仙。台湾人虽然在漳平的永福镇种植了上千公顷的高山乌龙,但轻发酵制作方式并不合当地人的口味,就连永福镇当地旅馆所提供的茶也都是水仙茶饼。

　　漳平水仙的做青工艺是重萎凋、重搅拌。漳平地区茶农多为小农户,规模类似20世纪80年代台湾的冻顶与名间。茶农仍保有以水筛做青的方式,比闽北地区用综合做青机操作来得讲究。小农小户的制作,产量虽少,质量上却不输闽北水仙。茶饼的制作,是在杀菁且揉捻后,在茶膜尚留有水分时,称取一定重量,投入木制模具,以人力夯实后,再以四方毛边纸包装定型。此时的湿胚茶饼因为还含有较多水分,需经过烘焙干燥,干燥后水仙茶饼才算大抵完成。

　　冲泡时展现出高扬的兰花、桂花或水仙花香,是漳平水仙的一大特色。之所以如此芬芳,除了水仙品种本身所具备的高香特质，与乌龙茶的做青工艺之外，还因为杀菁后没有经过团揉工序而直接压成茶饼，减少了许多低沸点香气物质的损耗，所以满室生香。漳平水仙的制作风气并没有被安溪地区讲究绿叶绿汤的风气影响，泡开后的叶底多有绿叶红镶边，茶汤呈现金黄或橙黄色。美中不足的是开菁时搅拌太重，茶汤的细致度稍嫌不足，很可能这也是为了迎合当地比赛评审口味所带来的后遗症。

乌龙茶的定价

高海拔不代表高品质

大部分人买茶时应该都有类似的经验，同样是梨山高山茶，有的喊价一台斤近两万新台币（1千克约合人民币5500元），有的却三台斤二千新台币（1千克约合人民币167元），茶叶的价格究竟是怎么定的？该怎么定才合理，这中间有什么蹊跷？

目前台湾茶的市场价格主要取决于五个因素：**产地、季节、品种、品质、其他特殊原因。**

■同海拔齐头式平等的不合理定价法

1. 产地：

以海拔高度为产地价格主要依据。产地价格最高的是大梨山地区，大梨山地区海拔最高的为大禹岭与福寿山农场，其次是2000米以上，沿台八线标高为105K的梨山地区，再次是1600米左右的翠峰、翠恋、红香、雾社（清境农场、东眼山、大同山、庐山）、杉林溪。产地价格再往后推是1000～1600米的梅山、阿里山、塔塔加、信义神木村、拉拉山，以及800～1000米的古坑、竹山、冻顶。再往下是名间茶区（坪林的海拔也差不多位于此范围），更低则是桃竹苗茶区。这些茶区以产地为其主要定价依据，其余如品质等因素，对茶价只有微弱的影响。因此，可以说同一产区，茶价往往是"齐头式平等"，漠视、抹灭了品质优劣对应的价格差额。

2. 季节：

春、冬茶价格为一年中最高，其中冬茶又因产量

台湾茶叶的市场价格主要取决于产地，海拔越高，价格越高。看完产地，才看季节和品种，最后才看品质。但作为消费者要有能够判断品质的实力，以品质来判定茶价是否合理，才有可能买到物美价廉的好茶。

较少，且至来年春茶有空窗期，在价格上比春茶略高。夏、秋茶为春茶价格的二分之一至三分之二左右，愈接近春、冬，茶价愈高。夏茶甚至只有春茶的半价。初秋茶价格低，晚秋茶价格渐涨，接近春、冬茶价。

海拔1600米以上的地区，没有一般所谓的冬茶。以大梨山地区来说，因海拔较高，第一次采收已在五月中旬至六月，第二次则在九月底至十月中旬。若按时令，并不是真正的春、冬茶，但茶农习惯将每年第一次采收的茶称为春茶，最后一次称为冬茶。

坪林、石碇的文山茶区，春茶在四月中旬采收，最后一次则在十月底采收完毕，严格说来，应属于秋茶，但茶农依然习惯称其为冬茶，木栅茶区亦是如此。

3. 品种：

台湾人对茶树品种有明显的好恶。在木栅茶区，正枞铁观音为最具商品价值的品种。其他品种制成的铁观音，即使质量再好，也仅有其二分之一至三分之二价格。文山包种茶区，以青心乌龙独占鳌头，商品价值最高，甚至有除种仔（青心乌龙）以外不是茶的偏见。全台其他茶区，也以青心乌龙为最主要标准，其他品种一般只能有其二分之一至三分之二的价格（同一产季）。

高山地区海拔1600米以上的地区，除青心乌龙以外，几乎没有其他品种栽植，只有福寿山农场还有少量的武夷、奇兰，武陵农场有少量金萱，其余绝大部分都是青心乌龙。杉林溪几乎全部是青心乌龙的天下；阿里山茶区以青心乌龙为主，不过包含了些许的金萱、翠玉。

4. 品质：

以台湾茶叶目前的市场交易情况来看，对品质的要求渐已退居末位。主要是因为近年来茶叶的采制观念以嫩采为主流，这种茶菁原料先天内含物质不足，成品香气滋味既薄且弱，于是，只能以外形、汤色、产地、品种等最表面的条件来决定价格。而一般消费者、茶商对茶叶的品质了解不深，更缺乏与茶知识相关的全方面素养，仅能从茶干紧结、保绿程度等细枝末节的地方，隔靴搔痒地判断茶叶品质的优劣。

5.其他特殊原因：

　　白毫乌龙与红茶有别于一般条形或半球形包种茶以春、冬茶取胜，独此两种发酵程度较高的茶类特别重视夏茶。特别是白毫乌龙，格外地重视外观，且外观也与茶汤品质紧密相关，以白毫显露、五色斑斓者价格为上。

■重制作质量甚于海拔高度的坪林茶区

　　以上五个因素是茶叶定价的主要判断依据，然而也有例外的茶区，那就是文山包种茶区。在当地，对茶价也有品种歧视，以青心乌龙居首；但坪林地区的茶商对同一产季、同一品种的茶，会进一步以质量而非海拔高低论断价钱。坪林茶区海拔在200～800米，差异不小，在一般的茶区，光凭不同的海拔差异就会先为茶价定下不同的起点，但在坪林，800米的劣茶会比200米的好茶便宜。全台仅有此地区重质量甚于重海拔高度。因此，坪林茶农对于制茶工艺格外用心，甚至将每天不同时段采制的茶分别贩售。坪林此种议价方式实在值得其他茶区参考。

　　高海拔茶区的齐头式计价，不区分采制时段及天候，茶价都很接近，导致茶农在技术上不求精进，只要将茶菁制成毛茶便能卖得高价，这实在是台湾茶业退步的主要原因。反观低海拔茶区，无论茶农再怎么用心做出香甜甘滑的绝品好茶，却总被海拔的魔咒罩顶，始终卖不到好价钱，于是茶农自暴自弃，以数量来拼经济。俗语说"人往高处走"，但如何会到放任质量往低处流的地步，真是值得茶农深思反省的地方。

● 坪林茶叶的买卖以质论价。海拔高度较低的茶只要制作精良，售价也可能比海拔高的茶高。

台湾茶业如果希望能更上一层楼，不论海拔高低，各茶区都应该向坪林学习，渐渐发展为以品质为计价最主要依据的标准，如此茶农将更用心制茶，消费者也可以按价格买到相对应质量的茶，这才是促使台湾茶更上一层楼的根本动力来源。

有机茶的正确概念

有机茶一定是好茶？

食品安全是当前社会的重要议题，标榜自己是有机养殖、有机种植的动植物产品比比皆是，似乎只要加上有机二字，就能为销售镀上一层金。茶叶也不例外，有机茶是目前茶市场上的当红产品，不少品牌的茶叶都标榜产地，种植过程透明，让消费者可以买得安心。

不过多数追求有机概念茶的消费者往往忽略了一点，茶叶有别于其他种类的农产品，除了茶叶新梢的生长发育和采收两阶段，采收后的茶菁还得在适当的天候条件下，进行一系列的加工，才能决定品质的优劣。

有机茶不施化肥，茶菁内含物质中可使茶汤甘甜的氨基酸较少，苦涩的多酚类物质较多，因此制程更需要完整，才能将苦涩化为甘甜，制成真正的好茶。

● （上）有机栽培的茶树，叶色显黄绿，叶肉肥厚。（下）惯行农法施用大量化肥，叶色浓绿，叶肉较薄。

■不适合嫩采的有机茶

农作物的有机栽培,从土地的使用、土壤质量、灌溉水质、种苗、杂草控制、肥培管理,到病虫害防治等,各方面都有一定的作业标准。从事有机栽培是十分辛苦的工作,投入成本往往与收益不成比例,这也是有机商品售价居高不下的原因。

消费者愿意负担较高的售价来购买有机栽培茶的动机,不外乎是为了能饮用到更安全、对身体更健康的茶。但费尽心力种植出来的茶叶,如果制茶人不明白它的特性,没有采取适合有机茶的制作方式,那不仅浪费了茶农的苦心,喝了还伤胃。

有机栽培的茶树,不像惯行农法施用大量的化学肥料,因此茶叶新梢所含可使茶汤甘甜的氨基酸比例相对较少,苦涩的多酚类物质比例相对较多。因此有机栽培茶不适合嫩采,因为嫩采有机茶菁制作出的茶汤滋味更为苦涩,而且稚嫩的茶菁香气物质含

● (右上)粗放栽植的拉拉山有机茶园,茶树上常可见被虫蛀咬的痕迹,但制成的茶叶风味并未减弱。
(下)粗放栽植的茶园中常可见到杂草以保护土壤。

量少，香味淡薄。其实，不论茶树的栽培过程是否有机，最终在加工阶段，还是要有适当的发酵度，才能让消费者喝到甘醇、低刺激性的茶汤。

在五六十年前的外销时代，台湾茶茶园管理不使用农药，也没有肥料可以施用，当时的惯行农法其实就是有机栽培，且乌龙茶的制作发酵度高，滋味与香气并重，就是这种传统的"有机茶"，为台湾茶在欧美建立了良好的口碑。

近年来茶叶生产及消费意识都有所提升，除了期待茶园回到过去自然有机的栽培方式，在茶叶制作的观念上也该呼应有机栽培茶叶的特性，回归传统，制作发酵度高，喝了不伤肠胃的茶汤。这种模式不仅可帮助有机茶园持久经营，消费者也能喝到真正高品质的有机茶而在身心上获得满足，不必为了喝有机茶而忍受苦涩的茶汤和肠胃的不适。

■是不是有机不能光凭标识

有些消费者不相信所谓的有机栽培，但相信数字会说话，觉得只要农药残留量符合相关部门制定的规范标准就可以安心饮用。于是许多茶商便拿着"农药残留检验报告"作为营销工具，以博取消费者的信任。

现在台湾各个检验公司所提供的农药残留检测服务，都是由送测者自行取样约100克，检验单位再从送检样本中取少量样本进行实验分析，得出结果。严格来说，除非由买方亲自抽样与封装，否则这份报告书只能对那区区100克的"送检样本"具有效力。其实，农药残留检验原是茶农与茶商针对自己所生产与贩售的茶叶质量进行自主管理的工具，但现在却成了茶农与茶商的主要营销手段，真的是本末倒置。

所以，就像其他标榜有机的蔬菜及农产品，消费者只有亲自走访产地才能眼见为凭一样，想真正买到安心安全的好茶，不能只相信有机凭证，一定要亲自走访茶山，了解茶农种植与制作的方式，才有可能买到真正的有机好茶。

比赛茶迷思

看穿比赛茶背后的庞大商机

每年的四月和十二月是茶农最紧张的时期,各地的乌龙茶比赛在这个时节正如火如荼地举行着。全台各地产茶的乡镇,大大小小的比赛场次多如牛毛,消费者也殷切期待着比赛茶的上市,准备大举收购,以满足送礼的需要。

比赛茶兴起于20世纪70年代中期。当时茶农的制茶技术参差不齐,茶叶的买卖也还需通过中盘商及零售商才能转售给消费者,茶农本身的收益并不理想,生活也不富裕。办理比赛茶的目的,主要是为了提升茶农的制茶技术,其次是为了帮助茶农自产、自制、自销,增加农户的收入,改善生活质量。当时的立意虽然很好,但到了30多年后的今天,比赛茶却已经沦为不顾消费者权益,盲目炒作茶价的工具。

比赛茶场次浮滥、制度不完善与评审的专业能力不足,是导致当前比赛茶质量不一的主要原因。在台湾,只要是产茶的乡镇,不论是地方政府,还是农会、

> 比赛茶场次浮滥、制度不完善与评审的专业能力不足,是导致比赛茶质量不一的主要原因。茶农参加比赛,得到奖项,背后代表的是商机,而不是质量。

● 全台各地常可见到挂满特等奖奖牌的茶行,但消费者买茶还是应该逐一试喝,找到适合自己又不伤身的好茶。

Chapter 3　清香、鲜爽、浓郁、醇和

商会、协会、产销班、合作社、社区等组织，都会举办比赛茶大赛，茶农只要上交22~23台斤（大致相当于13~14千克）的茶叶，就算是一个参赛点数。比赛茶的规模大小不等，从数十个参赛点数至六七千个参赛点数都有。比赛茶的规模差异大，质量落差也大，这么多人踊跃地参加比赛，不外乎就是瞅准了比赛茶背后的庞大商机。

■球员兼裁判的比赛茶乱象

类似于台湾只要有钱有闲的人都可以买农地、盖农舍的"农舍奇迹"，各地比赛茶，也不论士农工商，只要有兴趣的，皆可报名参赛。这使得原为提升茶农制茶技术而举行的比赛茶，逐渐沦落为投机分子谋财的工具。"比赛贩子"便是因钻制度之空所产生的行业。这群自己不种茶的投机客四处向茶农收购毛茶，再经过拣梗与烘焙的精制作业报名参赛。以坪林地区为例，不论是否为茶农，凡是户籍在坪林区的居民均可报名参赛。北部某茶区就曾经出现过总计一百多参赛点数的比赛中，同一位茶农竟然报了五十余点的比赛茶怪象。

台湾最大型的比赛茶，春、冬两季各有约六千多点报名参赛，分初审及复审两个阶段，初审由当地培训的评审执行，复审则由茶业改良场官员审评。执行初审的人员也可报名比赛，这难免令人怀疑比赛的公正性。最严重的是，各地比赛茶所服务的对象，并非当地茶农，而是其他地区，甚至是其他国家的茶农。以鹿谷的比赛为例，参赛者所使用的茶叶，早就已经不是鹿谷乡当地的茶叶原料，而是来自阿里山、梨山、杉林溪等高山茶区或者大陆茶区，甚至是从越南等国家进口的。

● 台湾比赛茶的举办场次多如牛毛，制度不完善，早已沦为商业炒作的工具。

南港与汐止的包种茶比赛，所用的原料也几乎都来自石碇、坪林、宜兰茶区，南港本地的茶园面积少之又少。著名的木栅铁观音比赛，毛茶多来自木栅茶农的故乡——福建安溪；林口、龟山、芦竹地区比赛茶毛茶则多出自南投名间。

　　比赛茶中最著名的鹿谷冻顶比赛茶就是典型的例子。鹿谷比赛茶原本是为鼓励当地农民进步，强调地方茶叶特色而举办的，但时至今日，当地所生产的茶叶，却屡屡不被评审青睐，多数获奖者的茶是来自海拔比较高的新兴茶区。今日的冻顶山，废耕的茶园举目皆是，因为茶农以冻顶产的茶参加当地比赛无法得奖，只有前往海拔更高、先天条件更好的高山地区种茶，并以此参赛获取更多的利益。这就造成了高山茶区过度被垦伐，而地势平坦利于耕作的低海拔茶区茶园无人问津，不是转作就是废耕。现今重视海拔高度的风潮，让此区域生产的茶无法与高海拔茶区相抗衡，另外大量进口茶鱼目混珠假称产地茶的产业乱象也层出不穷。

■你买的比赛茶有价值吗？

　　比赛茶起初被消费者接受的原因，在于评审可以用专业能力选出质量优良的茶叶，替消费者把关。比赛一方面能够鼓励制茶技术优良的茶农，另一方面又能指导制茶技术不完善的茶农，以期下回有更好的表现。茶叶的审评工作，代表审评者应具备茶树生理学、茶树生态学、茶叶化学、茶叶制造学等多项丰富的茶叶科学知识与相关实务经验。然而，台湾长期以来一直缺乏完整的茶学教育体系，茶业改良场为全台湾茶产业的最高负责机构，单位内的工作人员往往是进入单位后才开始接触茶叶，甚至到退休之后，对茶叶产制的理解还不如一个有经验的茶农。台上的比赛茶评审，无不自以为德高望重又经验老到，但多数的评审根本没有能耐足以担当此重任。过去的茶叶审评，评审会明确地告知参赛者参赛茶样的缺失，以促使技术提升。如今的比赛茶，评审专业能力不足、态度马虎，只为蒙混农民与欺骗消费者的视听。

　　过去主办单位宣布得奖名单与展售会同时进行，如今展售会在公布得奖名单后数天才办理，买家可与得奖的卖家私下谈好价格，再于展售会当天放出高价收购的信息，借此炒高比赛茶的价格。也有主办单位以低价向农民购买得奖的比赛茶，再转售给消费者，夺取本应属于农民的利益。更夸张的是，若主办单位收购的比赛茶无法卖出，可能要求农民以原本的收购价买回去，或者贱价卖给消费者。这种欺压农民的做法，让许多人敢怒不敢言。

对一般大众而言，通过比赛茶制度所选出的得奖茶，代表的是一种尊荣，满足了消费大众崇尚高级品的心理。比赛茶得奖名次有一定的市场行情价格，对茶叶品质认识不深的一般消费者，在自己家茶几摆上两罐比赛茶，或是拿来馈赠亲友或客户，不管是送礼或自用，均不失礼数与派头。可是，如果是以市场为导向的茶叶交易，产制皆属上等的茶叶，市场零售价格一台斤在6000～8000新台币（一千克约合人民币2000～2600元），一般一台斤在2000～3000新台币（一千克约合人民币660～1000元）就可以买到质量很好的茶叶，但同质量的茶叶；若流向比赛茶市场，价格就要翻上数倍。消费者何苦自己为难自己，花大把钞票购买比赛茶，却不一定买得到在台湾生产且质量优良的茶品呢？

大多数消费者对茶叶品质的辨识能力不足，也是促成比赛茶走向更深的误区的帮凶之一。其实只要以干净的瓷碗、沸腾的开水与一个汤匙，大部分的消费者都可以慢慢培养对于茶叶品质的判断力，不需假他人之手。如果我们能了解比赛茶的种种缺失，进而促使茶叶交易回归市场基本面，那么大家都可以喝到价廉物美的台湾好茶。

全台各地的"比赛茶"（优良茶评鉴），已经演变成为投机客服务的温床，成为各主办单位假借公众权力之名，行诈骗消费者之实的商业炒作行为。台湾的茶产业为何会沦落到这种地步？从制度层面来看，各地区的比赛茶显然已经失去公信力；而担任评审的公务员领取着纳税人缴纳的薪水，明知参赛者的茶叶来源有问题，或者本身专业能力不足，无法分辨外来茶，却仍然为比赛茶颁奖来欺骗消费者。主管机关是不是该重新检讨茶叶评审制度，让消费者获得保障，而不是任人宰割了呢？

茶行的角色

到茶行买茶去

传统茶叶的产制销结构中,面对消费者的是市街上的茶行。如今因信息的公开化、普及化与营销方式的转变,消费者可以通过网络、电话营销、大型商场等购买茶叶,或是直接开车到茶山向茶农买茶。买茶的渠道有很多种,为什么要到茶行买茶呢?直接向农民买,让农民不被商人剥削,不是比较好吗?相信有很多消费者都是抱持着这样的信念,走出茶行,转而走入茶山。但到了最后,消费者还是买不到好茶,茶农也没有赚到更多的利润,两头落空,这究竟是为什么呢?

■ 掌控茶叶质量与价格的守门员

"去年在A茶农那里买的春茶很好喝,所以今年春茶还没采我就预订了数十斤,但是今年的质量和去年相比实在差太多了,我怀疑茶农拿进口劣质茶冒充。"

茶叶是比咖啡、葡萄酒等更容易受天候影响的农产加工品,上午采收或下午采收,同一产区的向阳山坡或背阳山坡,茶叶的质量都有可能产生差别。若希望每次购买的茶都有一定的质量保证,茶行是最佳的购买渠道。

● 茶叶的生产质量极不稳定,茶行肩负着为消费者把关质量的重大责任,并成为传递茶叶知识的桥梁。

Chapter 3 清香、鲜爽、浓郁、醇和

● 少投叶，长时间浸泡，让茶叶内的可溶物质完整溶出，待茶汤稍凉后再品饮，是挑选好茶的不二法门。

许多走入茶山的茶客这样抱怨，双方的交易关系也就此画下句点。

茶叶质量的不稳定来自生产制造端。对茶农而言，每一季的茶叶品质，受天候变化的影响非常大，质量不稳定，然而生产成本却不会因为质量下降而减少。消费者若直接与茶农交易，便会遭遇前述的现象——"品质与价格不一致"，很难有长远的买卖关系，而这就是茶行应该努力的环节。

茶行作为生产端与消费端之间的桥梁，必须负起"质量监督"的重责，才能为广大的茶农与消费者建立起长远的"生产—消费"体系。茶行作为销售渠道，不是只有外人眼里的进货、包装等简单的工作，它对于每一批原料的质量与成本，都必须进行正确的判断。除了确保合理利润，茶行也要保障茶农获得合理的报酬，维持长远的合作关系。茶行还要为所贩售的茶叶负责，将正确的茶叶知识传递给消费者，帮助消费者选择适合自己饮用的茶。

茶行在采购原料时，必须理清品种、产地、季节、天候、加工技术等因素对茶叶品质的影响。这是一项专业性极强的工作，不仅要上知天文下知地理，而且还要精通茶树生理、茶园生态、茶叶加工技术等领域的相关知识。这些还不够，还要有多年的经验积累与足够的采购资金，才能建立一套完整的销售模式。只可惜这样专业的茶行，多半已被市场潮流淹没了。许多茶行对茶叶的专业知识付之阙如，新兴品牌只着眼于打造茶叶的外包装，现在连老茶行也逐渐步入了只重包装不重内涵的错误轨道。

■做茶叶知识的传播者

年轻一代的爱茶人，多半对于走入茶行试茶与买茶深感恐惧，一来不知该如何向老板询问自己喜爱的茶类，二来深怕上了经验老到的老板的当，买到价格与质量不一的产品。茶行与一般消费者之间的距离不小，甚至连已经喝茶数年的消费者，也可能从未踏入茶行，而是通过亲戚或朋友代买，最主要的原因是认为这样不太容易上当。

在风景区或茶山买茶，若买回家后觉得不合口味，不太方便再拿到购买地点换货或退货；但在邻近自己家的茶行买茶，则可以享受到比较好的售后服务。购买茶叶前可以试饮，日后茶叶受潮或饮用时有疑惑，都可以再回头询问茶行老板。找茶、学茶、问茶，对茶有深刻认识的茶行老板是最好的咨询对象。若遇到无法提供试饮服务的茶行，则不妨询问是否可以购买少量的样本；若还是不行，那么大可以转向有上述服务的茶行。

就像咖啡馆是连接消费者与咖啡知识的桥梁，茶行也应当是爱茶人购买质量稳定的茶叶，以及学习茶知识的好地方。茶叶是比咖啡、葡萄酒等更容易受天候影响的农产加工品，上午采收或下午采收，同一产区的向阳山坡或背阳山坡，茶叶的质量就有可能产生差别，因此茶行在保证茶叶质量及传授茶文化方面的功能在茶产业的发展中不可或缺。只追求包装精美或以似是而非的知识诱导消费者，也许一时间能获得短暂的利益，但长此以往，无论是茶产业或是茶行本身，都是输家。

你买的是茶叶还是包装？

台湾的茶叶包装，过去多着重在功能性上，茶行常用方形毛边纸包茶叶，四两（相当于0.24千克）重一包，上面盖上店家的印章。塑胶制品包装的问世与普及改变了四两纸包的形式。起初将四两纸包装入塑料袋中隔绝湿气，后来出现了在方形毛边纸上封上一层胶膜的形式，其比一般四方纸更能有效地隔绝湿气。

不透光的高密度铝箔袋将茶叶包装带入一个新的时代。以长条形的铝箔袋封口，茶叶不容易接触到外界的空气。将高密度铝箔袋真空包装好的茶，再置入纸罐或铁罐中，是目前台湾茶叶市场最常见的包装方式。

充氮技术的应用能够让茶叶不容易产生质量变化，从而保证茶叶的新鲜度。包装材料的进步，使得包装过程更加耗能。这一演变同时也表明了这样一个趋势，市面上贩售的茶叶，对于包装方式的要求将更加严苛。

为什么茶叶包装需要百分之百隔绝空气？因为若不这样做，茶叶很快就会变质走味。现今的茶叶制作朝不发酵的绿茶靠拢，是导致茶叶容易在短时间内变质的主要原因，所以需要密封程度更高的包装方式。或许，反过来我们也可以这样说，茶叶制作形态的改变，加速了茶叶包装的革新。

无论是四两纸包或是高密度铝箔袋，甚至是近年来应消费者需求而出现的5～10克真空小包装，基本上都还是以功能为导向发展出来的包装形式。茶产业在文化创意产业的扶持下，包装设计形式变得多样，为原本单调的茶叶包装市场开启新的篇章，衍生出更多元的商品形态。随着消费形态的改变，通过网络平台或是文学创作通道，茶叶的消费变得讲究品牌故事性与视觉美学。当茶叶的内外包装随着时代发展而改头换面时，茶叶的内涵有没有跟上脚步，考验的不只是茶叶的生产制造者与贩卖者，还有掌握生杀大权的消费者。您买的是茶叶，还是包装呢？

如何品茶

品出一杯馨芳

品茶真正的内涵，应该是要了解我们所喝的茶的本质，并依据自己的身体条件与需求，决定茶叶该如何冲泡和品饮。

专业的茶叶审评，对茶干、汤色、香气、滋味、叶底有不同的要求。茶毕竟是以喝为主的，着重于嗅觉与味觉感官，所以审评时应以香气与滋味为重。但是，目前台湾的比赛茶审评过度重视外观，让许多有绝佳香气与滋味的参赛茶落榜，与消费者脱节。

■ 如何选对适合自己的好茶

想学会品茶，首先要认清自己喝的是哪一种茶。喝绿茶讲求新鲜爽口，以清淡为原则；喝半发酵茶类，讲求香高味浓，对菁味应该敬而远之；浓、醇、甜则是品饮红茶的基本原则。

茶叶内各种不同可溶物质对于味觉与嗅觉都有不同的贡献（参见54~60页）。不同的茶类，各种可溶物质的组成比例不同，所以才会衍生出不同的品饮方式。好比蛤蜊清汤讲求鲜甜清爽，玉米浓汤讲求浓厚滑口，二者截然不同，若批评一碗蛤蜊清汤不够浓郁，岂不是让人无言以对？

在半发酵茶类中，一般认定白毫乌龙是发酵度最高的产品，铁观音次之，而后依次为冻顶乌龙、高山乌龙、包种茶，这样的分类从实践经验来看其实有失偏颇（参见107页），对消费者来说更是雾里看花。发酵度的高低，取决于掌握的制造工艺，在半发酵茶类

不同的茶类，各种可溶物质的组成比例不同，会有不同的品饮方式。主流高山乌龙茶发酵度普遍较低，冲泡时投叶量要少，冲泡的水温要低，浸泡的时间要短，喝的是浓度很淡的茶汤。

中有各种可能性，无法简单总括。

有人说喝全发酵茶的红茶比较温和不伤胃，其实也不全然正确。红茶在制造过程中如果技术掌握不当导致发酵不完整，就会甜度过低、苦涩度过高。尤其大多数红茶生产以大叶种茶树为主，具有刺激性的儿茶素含量较多，如若多饮，肠胃不适或心悸等症状就会出现。

市场上目前流行的高山乌龙茶，虽被归类为半发酵茶，但发酵度普遍太低。通过科学分析得知，相同的茶菁原料，以当今大多数高山乌龙茶的制造方式加工，成品所含的可溶性儿茶素类物质可能比制作成绿茶的还要高，也难怪很多人喝了高山乌龙茶会胃痛。喝这一类型的高山乌龙茶时，必须将它视为绿茶来饮用，也就是冲泡时投叶量减少、冲泡的水温降低、浸泡的时间缩短，更简单地说，就是喝浓度很淡的茶汤。

专业茶叶审评时，茶和水的比例为1∶50，茶叶浸泡5分钟后将茶汤与茶叶分离，再品尝滋味与香气来决定高低。这样的方法其实也适用于一般民众，甚至可以做更严格的测试，将浸泡时间延长到10分钟或半小时以上再来品尝。长时间浸泡时茶汤的优缺点会一览无余。是温和的或刺激的、适合淡饮或浓饮、多饮或少饮，茶汤会直接告诉我们。当掌握了茶叶的本质后，再改用盖碗或是壶具冲泡，就没有什么困难了。

■大气压力及水质对泡茶的影响

泡茶时用的水也有学问。许多人都有在风景区购买茶叶的经验，消费者往往当下试喝觉得甘甜可口，可是带回家冲泡后却觉苦涩难耐，不禁拍桌咒骂景区那没有良心的茶叶卖家。虽然黑心的商人的确存在，但若从简单的物理化学观点来看，高山泡茶较甘甜，背后确有原因。

如果高山所泡的茶叶和在平地冲泡的是同样的茶叶，且泡茶所掌握的投叶量、水量、浸泡时间、容器特性都是一致的，那么最有可能导致结果产生差异的,就是水。

在标准大气压力下,纯水的沸点是100℃。而在台湾中部海拔约1700米的高山上实际测量,可测得当地水的沸点在95℃。原因在于大气压力的降低,导致水的沸点降低。若在海拔2400米的梨山茶区测量,则大约92℃就足以烧开一壶水。有登山经验的朋友应该知道,野炊时若想要煮上一锅好吃的米饭,压力锅是不可或缺的,原因就在此。

大气压力会随着海拔高度上升而下降,导致沸腾的开水温度偏低。茶汤中的可溶物质因水温过低而无法完整溶解,香气与滋味的表现便会产生差异。加上高山地区气温低,水烧开后冲入泡茶容器,水温降低的速度也会比我们在家里要快。这些因素都是导致同样的茶叶在不同环境下冲泡,却有不同品质表现的客观因素。所以,为什么在高山上泡茶,茶汤总是特别甘甜,水温与周遭的气温是关键所在。

除了水温,水质是另一个重要因素。在同样的大气压力下,当水的TDS(总溶解固体)值提高,沸点也会随之提高。水质越接近纯水的水源,因TDS较低,水沸腾时的温度,也会越接近100℃(在标准大气压下);反之若用来泡茶的水不洁净,或是经过反复地煮沸,造成水中的可溶物质浓度升高,沸腾的温度便会高于100℃。除了污染物会破坏茶汤的香气与滋味表现外,提高的沸点也会使得冲泡出的茶汤苦涩度提高。

茶汤的刺激性决定了茶叶的本质与制造工艺,焙火只是些微修饰,绝对不可能将粪土变为黄金。焙火除了改变茶叶的风味,很重要的一点就是减少了茶汤里的咖啡因,但这顶多让人喝了不至于失眠,可是若具有刺激性的儿茶素类物质残留过多,饮用后还是会引发胃痛。

喝茶原本是件有益身心的事情,但如果识茶不清或饮茶不慎,很有可能未蒙其利反而深受其害。什么样的茶汤具有刺激性是因人而异的,如果茶汤久浸且放凉之后的苦涩感让人无法忍受,或是喝了茶之后胃部有不适感,那这样的茶可能就不适合大量或长期饮用。

发觉自己喝了茶后出现心悸、胃痛、胀气等现象时该怎么办?很简单,停止

喝茶。太多信息告诉我们喝茶有抗衰老、减肥等好处，但若导致您忍痛喝到出现消化道溃疡，就是相当不明智的"养生"哲学了。

> **买茶要领**
>
> 　　买茶时，试喝是必不可少的。试喝时，取约3克茶叶放入150毫升的容器中，注满沸腾的开水，静候5～10分钟后倒出茶汤。滚烫的开水与长时间的浸泡，可使茶叶的优缺点完整表现。半发酵茶的品饮，着重滋味厚重甘甜、苦涩度低，富含因发酵作用而产生的花香、果香，以及烘焙所产生的糖香、蜜香等不同的香气。如果时间足够，试喝时不妨等上半小时到一小时，因为茶汤温度较高时，味觉与嗅觉不易灵敏感知，若在茶汤较凉后再进行品饮，更能完整地感受茶的优点与缺点。若茶汤或喝完的杯底残留着草菁味，表示制作工序不完整，茶汤通常也较为苦涩，而且色泽不稳定，在短时间内便会与空气接触而氧化变色。制作良好的茶叶，即使在浸泡两三天后，汤色依然澄亮，也不会腐败发酸。
>
> 　　若以烘焙程度的轻重来定义消费者所说的生茶与熟茶，那么绿茶、红茶与半发酵茶类中的白毫乌龙茶均属于生茶，它们在加工过程中只有干燥工序，缺少烘焙的工序。半发酵茶中的包种茶、乌龙茶、铁观音，若是前期的萎凋、发酵等粗制工序不完整，那么这些茶不管生或者熟，质量表现均不可能理想。若是制作良好的毛茶，则不论是喝新鲜的毛茶或是通过焙火工艺而制成的熟茶，均可表现出优异的香气与滋味。
>
> 　　值得消费者注意的几点是，毛茶由于本身含水量较高，质量较不稳定。而"生茶伤胃，熟茶不伤胃"的说法也不全然正确，因为茶汤的刺激性在粗制过程中就已经决定，无法借助焙火得到极大的改善。焙火工序可以使茶叶中的咖啡因含量降低，对于会因摄取咖啡因而影响睡眠的消费者来说，熟茶是在茶叶选购时可以参考的项目。
>
> 　　消费者购买茶叶，最好是能够当场试喝。若是店家不提供试喝的服务，那么就购买最小的数量（50克、100克，视店家而定），免得花钱买了不如人意的商品。试喝时除了掌握前文所述的要点，不妨观察泡茶给你喝的老板，是不是也举杯与你同享这一壶茶。若是老板不愿意喝自己贩售的茶叶，可能代表的是茶叶质量不佳，消费者就得三思而后行了。

图书在版编目（CIP）数据

乌龙茶的世界 / 陈焕堂，林世伟著. — 北京：北京联合出版公司，2016.11
ISBN 978-7-5502-9098-3

Ⅰ.①乌… Ⅱ.①陈… ②林… Ⅲ.①乌龙茶—茶文化—中国 Ⅳ.① TS971.21

中国版本图书馆 CIP 数据核字 (2016) 第 276968 号

原著作名：乌龙茶的世界
原出版社：如果出版·大雁文化事业股份有限公司
作者：陈焕堂、林世伟
本书由如果出版·大雁文化事业股份有限公司正式授权，经由凯琳国际文化代理，由银杏树下（北京）图书有限公司出版中文简体字版本。未经书面同意，不得以任何形式任意重制、转载。
中文简体版 © 2016 年，由银杏树下（北京）图书有限公司出版发行。

乌龙茶的世界

作　　者：陈焕堂　林世伟
选题策划：后浪出版公司
出版统筹：吴兴元
特约编辑：张　怡
责任编辑：管　文
封面设计：韩　凝
营销推广：ONEBOOK
装帧制造：墨白空间

北京联合出版公司出版
（北京市西城区德外大街 83 号楼 9 层　100088）
北京盛通印刷股份有限公司　新华书店经销
字数 171 千字　720 毫米 × 1030 毫米　1/16　12.5 印张
2016 年 12 月第 1 版　2016 年 12 月第 1 次印刷
ISBN 978-7-5502-9098-3
定价：60.00 元

后浪出版咨询(北京)有限责任公司 常年法律顾问：北京大成律师事务所　周天晖　copyright@hinabook.com
未经许可，不得以任何方式复制或抄袭本书部分或全部内容
版权所有，侵权必究
本书若有质量问题，请与本公司图书销售中心联系调换。电话：010-64010019

《寻味中国茶》

著　　者：池宗宪
书　　号：978-7-5502-4812-0
页　　数：192
出版时间：2015.05
定　　价：49.80 元

　　《寻味中国茶》是系统介绍中国茶难得的佳作。作者将二十多年的品茶经验，化成细腻而有灵性的文字，专业的知识与个人体悟完美融合，带你真正走进中国茶的世界，从买茶技能、泡茶窍门到品茶方法，让你真正学会识茶、品茶、在茶香茶韵中体验中国茶的神奇魅力。阅读本书，不仅能获得中国茶的专业知识，更是一种纯粹的审美享受。

内容简介

　　喝茶，是独一无二的感官之旅，是与自然造物的神奇邂逅。对现代人来说，喝茶不仅是一种生活习惯，更是一门充满挑战的学问。如何识别名茶的真伪？如何挑选适合自己口味的好茶？如何正确煮水、泡茶、品味茶韵？中国茶历史悠久、种类繁多，要想全面了解，需要认真地学习，真切地体验。

　　作者池宗宪将自己二十余年品饮中国茶的经验，化成系统而有灵性的文字，从中国茶的种类、产地特色、购买要领到茶具的选择、冲泡的技巧、品茗的方法，一步一步带您走进中国茶的世界。专业的品茶知识与个人的体悟的完美融合，教会您轻松开启味蕾，感受茶汤的万千变化，让您完整领略中国茶的神韵与魅力。本书能解答您对茶的所有疑问，让您买茶功力和品茶功力都大大提高，真正学会聪明喝好茶！

《安溪铁观音：一棵伟大植物的传奇》

著　　者：李玉祥／海帆
书　　号：978-7-5100-2073-5
页　　数：191
出版时间：2010.5
定　　价：80.00元

此书好读耐读，如同沏铁观音，冲泡数遍，方能领略人间奇迹、季节变化和生命的轮回。

　　　　——朱幼棣（著名记者，国务院研究室社会发展司司长）

我的饮茶经验微不足道，于茶史茶法茶礼茶贸易之奥妙，所知亦甚有限，但安溪铁观音销行、移栽遍及台湾、东南亚各处，以其滋味启沃人之生命与心灵，像我这样的例证何止千万？我们只要端起茶，就自然会想到安溪，会闻到铁观音的香气，少年的岁月，人事的缅念，参错于其中，不须说禅，不必讲道，人生便已有了悟啦！

　　　　——龚鹏程（著名学者，台湾南华大学，佛光大学创校校长）

内容简介

《安溪铁观音：一棵伟大植物的传奇》是一部安溪铁观音的人文地理志。相对铁观音茶叶的盛名而言，铁观音的原产地——安溪，其风土之瑰丽、人情之淳厚、文化之流光溢彩，可谓僻远无闻。信系于此，一千多年来，繁复精湛的制茶工艺才得以在安溪大地上薪尽火传。而安溪铁观音也伴随着安溪的风云变幻、人事变迁，在无数次浴火重生后，历久弥芳，馨香四溢。《安溪铁观音：一棵伟大植物的传奇》试图提示的，是许多无声却强大的力量——一片神奇的土地，一群生命力顽强的百姓、谦具山的包容与海的开放的闽南文化。正是这些不步喧嚣、安静坚守的力量，创造了一颗植物的盛世传奇。

《安溪寻茶记：名山、名茶、名人》

著　　者：谢文哲
书　　号：978-7-5100-8059-3
页　　数：328
出版时间：2014.11
定　　价：88.00 元

　　一张勾连安溪茶叶的"江湖图谱"
　　品味安溪铁观音的"山头香"
　　领略璀璨多姿的"大美安溪"

内容简介

　　这是一张勾连安溪茶叶的"江湖图谱"。作者选取了安溪县内 32 个有代表性的山头，以人文为关注点，循着茶叶的脉络，历数山上地中凡"重要者"，其中不乏"首次发现"。另外，本书还配有包括法国著名摄影师阎雷在内的众多摄影师为安溪拍摄的 230 多幅精美照片，书法家王乃通专门为本书绘制的名山图谱，帮助读者直观感受安溪独特的风土民情。

　　本书意在向读者传递一种观念：作为人类，在承受大地无私滋养的同时，如何对土地怀有敬畏之心、感恩之心，如何更加尊重土地，保护环境，赋予土地以动情历史和厚重人文。希望读者们能在这张"图谱"指引下，亲自去壮游安溪，细细品味安溪铁观音的"山头香"。

《茶之原乡：铁观音风土考察》

著　　者：谢文哲
书　　号：978-7-5100-4854-8
页　　数：256
出版时间：2013.11
定　　价：42.00元

要了解一种茶、一种茶的文化，必须走近孕育这种茶的那片土地，走进在那片土地上生活或是曾经生活过的人们的世界中去。

在机器统治的时代，在城市钢筋水泥丛林中，通过一本茶的风土志，反思手工时代的遗产和传统文化的记忆。

真正的品茶、爱茶之人，不仅能品出茶的自然香味，些许对人生的感悟，还能体味出蕴藏其中的风土与人文气息。站在一个新的视角，去认识茶乡大地的悠久历史与文化，感受生长在这独特地域的数代茶人的生活状态。

内容简介

第一部茶乡大地风土考察著作，"一棵植物，改变了一个地方、一群人，丰富美好了这个世界。"

这是一部关于中国名茶安溪铁观音原产地——安溪的风土志。

作者回溯三百年时光，与历史对话，从安溪这"不可复制"的自然、地理、人文环境中，探寻铁观音这一伟大植物发源于安溪山岩之上的因缘际会。跟随作者走遍安溪的山川丘壑、村落茶田，我们会发现正是这茶乡大地的山、水、人、情，别样的风土，孕育了安溪铁观音的"观音韵"与"非常意"。

端起一杯醇香的安溪铁观音，我们品尝到的不仅仅是植物的、天然的"圣妙香"，其中还蕴涵着安溪人对天地人伦的敬畏崇仰之心、安溪大地深厚质朴的风土气息，流动着安溪铁观音与安溪茶乡、与广袤世界间的动人传奇。